十倍薪与
百倍薪的
快意人生

[新加坡] 狄芬尼 ◎ 著

中国人民大学出版社
·北京·

谨以此书献给我最亲爱的母亲
她的爱、温暖和宽厚仁慈是我人生的动力

人生愿景不是海市蜃楼

吴韦材[*]

高中时，读到美国作家弗朗西斯·斯科特·基·菲茨杰拉德所著的《大亨小传》(The Great Gatsby)，里头最让我久久不能平复心情的，不是 20 年代纸醉金迷的纽约豪奢作风，也不是在欲望里纠缠而模糊了的人性软弱，而是在故事结尾时，大亨盖茨比的年迈父亲，从衣袋里缓缓掏出儿子留在家里的一个小本子，他眼眶含泪说："我现在完全明白了，他为什么要离家去寻找自己的人生？这，这里清楚记录着他念中学时就对自己立下的每一项守则：每天，至少要看 40 页书，每天，要坦诚审视自己的言行，要培养风度，每天，要完成当天的事，每周，要储蓄五美元——噢，此处删掉重写——至少要储蓄三美元……"

简单的场景，老者在自己儿子的豪宅里，念着儿子默默耕耘的人生。《大亨

---

[*] 吴韦材，新加坡著名作家，1951 年出生，早年为新加坡诗人及文艺青年，留英攻读设计及地中海比较美学，回国后活跃于广告界。80 年代毅然放下专业，进行长期世界背包旅行并投身专业写作。著有游记、小说、散文、戏剧等 23 册，其《背包走天涯》系列为当代旅行者的背包启蒙经典。

🔍 十倍薪与百倍薪的快意人生

小传》里的盖茨比,最终仍被自己的痴心所误,那确实是个天真,甚至带点愚蠢的结局,但这无碍于我对他父亲手中这本人生守则的强烈感触,虽然,那时我才17岁。

及至后来,我也常遇到一些读者,对我当年毅然放下广告市场创意总监的高职,拎起背包一走十余年,然后改行写作的决定感到"非常不可思议"。他们甚至茫然地猜度:"啊,那是为了潇洒?为了浪漫?为了感觉很酷?"听到这些我通常只是莞尔一笑,然后他们更迷惑了:"一定是,到处流浪,到处写作,一定很酷。"

通常遇到这类读者都是在新书发布会或讲演会上,场景与时间都不适宜详做解释。我并不意外一个人对另一个人会进行某些表面化猜想,但事实上,每个人的人生都并非偶然,成功的不是偶然,不成功的也不是偶然,温温吞吞的,更加不是偶然。

我很难逐个去向人解释,其实我的人生规划一切都在一番悉心计划与安排里。这就像你看到那幅气势澎湃海浪滔天对逃难者个个神态精彩刻画的《马杜莎的木筏》,你一定错觉那是神来之笔的现场捕捉,但绝对不是那么简单,那浑然一体里头,是构思立意、筹备信息、组合资料、策划工序,然后一笔一笔地,心无旁骛地进行创作。只是这幅画背后的这一切,没多少人看到罢了。

人生,又岂仅一幅画作?生命、幸福、成功,这些概念,都因人而异,在不同价值观底下,要成就自己这辈子的生命能量。要人生不白过,要它拥有一个自己满意答案,那么,能不先对它的本质进行了解和进行自己满意的规划吗?

我首先必须感激这世上累积着许多宝贵的前人的智慧与知识,我感激它们在我很年轻时就已经把一把把如何分析事理、剖析个性、明辨现实的钥匙交在我的手上。今日回首，我恍然看到一个可以感激的自己，因为直到今天，我仍乐见自己还坚持地把这些钥匙紧握手中，也因为知识的润养，我今生不致陷于留白。

当然，各有各的人生规划方式。但一个大前提是，先知先觉，立定目标，按部就班，才能有所收获。人类的每个阶段，生理上与心理上都有不同的需要，生理上与心理上也都有不同的能量，我认为先要清楚这些事实，才能开发并善用这些能量，才能在每一个人生阶段活得快乐自在。

各样人生，各审各美。有人的核心，在知识的丰富。有人的核心，在生活的华美；有人的核心，在家庭的美满；有人的核心，在无私的奉献。但这一切都离不开一个"生活稳定大本营"的扎根概念。而根扎得越好，树就长得越好，道理浅浅。

越早领悟，越早策划，坚持力行，那么自己的人生愿景就不是海市蜃楼。

我，就是例子。

人生可以成功规划吗?

黄宏墨[*]

有趣的是,这一本书的序,竟然找来了一位人生普通得只有60%模糊目标的人来写,这举动,似乎有些突兀。是反面教材吗?抑或是想通过这个人,带出人生除了追求财富的成功外,其实还有另外一种不为人知的生命宝藏有待挖掘?

坦白从宽,我真的无法耐心地看完这样一本书:一、因为我已错过规划中的年龄(20岁是上一个世纪的云烟事了)。二、我真的无法按部就班地将自己的生活规划得如此整齐清晰(我曾经尝试过,结果都失败!)。三、我一看到数字,头就会痛(这不是形容词)。但我也不是完全不懂得赚钱的伎俩,只是无法像常人那样计较;总觉得花精神在计较上会比我投入工作来得更为辛苦!所以,好多时

---

[*] 黄宏墨,新加坡商业广告摄影师、创作型歌手和专栏作家。他在1984年开始用笔名"列人"在新加坡电台"歌韵新声"中发表词曲创作及在报刊上发表文章,是新谣的代表人物之一。黄宏墨擅长词曲创作并亲自演绎,代表作有《万种风情》、《野人的梦》、《笨鸟的表白》、《惜缘》等。他也出版了集散文、音乐、摄影于一体的传记《野人的梦》,并在2012年12月29日在新加坡滨海艺术中心音乐厅举办个人创作演唱会"野人的梦"。

候，我宁愿放弃机会，只为了不想把自己搞得焦头烂额、面目全非。我不是清高，只是生性懒散得无法承受无谓的精神浪费！幸好老天也蛮疼爱"憨"人，让我经常在山重水复疑无路时柳暗花明又一村，感恩！

我最为得意且唯一符合此书的一个理念就是投资计划，那就是房产投资！我非常清楚，按时储蓄远远不及房产投资的回报来得快，只是往往计划赶不上变化，奈何！不过至少也体现了一种非常现实的考量，我并非只会风花雪月、如梦如痴地生活，我——是吃人间的米长大的！

回望来时路（不免来个文艺腔），生活似乎都是用梦来维持的。小时候每天想的，就是做个行侠仗义的游侠儿，武功高强，一生游走江湖，四海为家。长大了才知道，离开家，所有的饭菜都是要用钱买的，于是我梦想做一个很有钱的富翁。但是，富翁是怎么样变得有钱的，我不是很明白，也一直学不会。我只好乖乖的暂时不做梦，迷迷糊糊地替人家工作了好几年。突然有一天早晨醒来，发现没有梦的人生跟死人没有两样，于是辞掉了工作，用了一个多月，一个人骑着电单车，从新加坡出发，漫无目的地绕了几乎整个马来西亚。回来后，从此对旅行欲罢不能。无法朝九晚五后，只好开始做自由身的摄影工作，工余写写唱唱，继续游走梦中，有钱没钱，一样过得好开心！

"人定胜天"，那是年轻时的言语。如今人到中年，自有一番对生命的体悟。不是不愿说，只因说了，其他人不一定能懂，反而会减少了该有的跌宕体验与思考。一个不用思想的生活，再怎么样安康也肯定会失去知足常乐的喜悦！

这样的说法，不是要与作者唱反调，只是想提出人生的选择不是单单只有一种。作者所提倡的是非常科学的理论与经验，但对于一些死学都无法有成就如我者，请不要太过灰心沮丧！不是每一个方法都适合自己，也不是每个适合自己的方法就是对的。两袖清风也好，腰缠万贯也好，只要夜深人静时悄悄问自己：你的一切是如何得来？是咎由自取或理所当然？而临命终时，你——会害怕吗？

如此生活乍看是没有规划，其实也不乏锁定的目标，只是这些种种，跟此书积极的财富累积说法有点距离！但有些事情，总会有人是学不会的。学不会的，就把这当成另一种参考吧！嘿嘿！

前言

人生要规划　致富要趁早
——有关财富与幸福的思考

  人生，说长不长说短不短，借居人间约百年。20 岁前一直在学习，60 多岁以后退离职场，又进入新一轮漫长的荣誉式休整。纵观人生，起步准备阶段和退休后休养的时间加起来与工作和创造所用的时间几乎是一半对一半的比例：如果按时下 80 岁的平均寿命来说，这意味着你用于工作、奋斗和创造财富的时间，至多只有 40 年。

  在这 40 年里，对你的财富积累起决定意义的是你开始奋斗的那前 20 年。毋庸置疑，当你工作 20 年后参加一次同学会，和久违的昔日发小、少年同窗有说有笑忆往昔的时候，你人生的答案就会浮现。只几个时辰的叙旧，便高度浓缩了过往人生。20 年的职场拼杀将当年在同一起跑线上的一群人分成两个无形的阵营：发薪水的和领薪水的；管人的和被人管的；日子过得好的和日子过得不那么好的。残酷人生分水岭的界限常被人们标注为富有魅力和诱惑感的两个字，那就是你我都十分熟悉的"成功"。

十倍薪与百倍薪的快意人生

相信这是许多经历过社会磨砺和生活陶冶的人的共同经历。半局人生竞跑下来，"出水才见两腿泥"，结果虽然无须呈报，但各自心里都明白自身的实力，输赢似见端倪。令人深思和唏嘘的是，仅仅20年，是什么让昔日资质相近的同窗产生如此差别？一只怎样的看不见的手在左右着人的一生？

《纽约时报》一篇文章介绍，美国的一群心理学家进行了长达几十年的跟踪调查，研究目标对人生的影响。他们发现，27%的人没有目标，他们的生活困顿、不稳定；60%的人有模糊的目标，他们的生活好坏相间；剩下的人生活富裕而稳定，其中10%的人有清晰的短期目标，他们的生活舒适安稳；另有3%的人有清晰的、长远的人生目标，他们通常是社会上最有成就的人。

这个调查结果也正应了那句东方的民间俗话"得个心里想"。你得到的往往是你朝思暮想的。人们追求、渴望的东西及目标，是不是比没有着意追求的更容易得到和实现？人的一生如何度过，是不是与他本人的憧憬、愿望、希冀密切相关？是不是他的所思所想和他对人生的设计，可以部分地决定他的命运走向？这是极其有趣的问题。

笔者和大家一样想知道命运的底牌。碰巧，在长达20年的职业生涯中，笔者有机会对所接触到的上百位成功的商界人士的思维方式、价值观和财富习惯进行近距离的观察和面对面的探讨，通过他们的成长、发展轨迹和成功经验以及财富积累的方法，得出如下结论：失败者各有各的原因，成功者却都属于同一类人。笔者认为，成功者的特质异常鲜明：他们都是有目标并能实现目标、自己能主导自己一生的那类人。

过去，大家熟知的被誉为战胜命运楷模的音乐家贝多芬是以"扼住命运的喉咙"获得杰出成就和制胜人生的。今天，现代人有更多有利于个人生存、发展、

前 言

突破的法宝，有更宽松的文化氛围和放大的自我以及更多的社会正向的导引，这得益于现代各种相关学科的严谨论证和精确推演。相对于古人来说，我们在选择、设计和完善自己的人生方面听起来已不陌生，做起来也已不复杂，许多现代科学诸如管理学、心理学、人际行为学、消费行为学以及金融和财务知识、统计和规划常识等都可以帮助我们更好地把握和改变"命运"。

我们常常见到报纸杂志关于生命的思考和关于生活质量的评判，也常常读到成功人士异彩纷呈、引以为豪的人生故事。这些都成为大众的人生指导和行为参考。不言而喻，成就自己，拥有一个幸福、成功的人生是每一个人与生俱来的梦，但是，这梦却常常被冷酷的现实击溃。20岁以前玫瑰色的人生常常随后为升学、就业、择偶、职场升迁中所遭遇的挫折改变，如果在中年时又面临财务、健康、子女教育和婚姻的困顿，人生很容易就此沉沦，灰暗一片。你我周围很多人就是这样从玫瑰色的黎明走向灰暗的黄昏的，人们渴求的快乐和幸福变得不那么容易寻得到。

看看左邻右舍爷叔伯侄的生活，你可曾认真思考过自己想要怎样的人生？你是否也认同芸芸众生"人的命天注定"、"人家咋活我咋活"是天经地义的生存法则？你是否整理过有关自己的职业、财务、心理、精神以及涵盖后代的规划和设想？人生多变、无从把握只是一种不作为的理由，如果你认为自己的人生很重要，那总得想些什么、做些什么才对——用专业术语来说，这就是生涯规划。

就目前来讲，要找到一本全面规划人生财富和幸福的书实属不易。那是因为人生原本丰富多彩、各式各样，不同的年龄、职业、价值观，不同的人生追求、期许和生活方式，不同的地域、法律与文化传统，还有不同的消费习惯、生活品味和财务状况，种种原因都造成人生活状态的千差万别，也决定了没有哪本书可

十倍薪与百倍薪的快意人生

以成为真正通用的"人生指南"。当然，本书也不是。

笔者只想尝试，将主动的人生设计早早地引入一个人的一生。这当然不是我一个人在做的事情。先我之前，前辈们不遗余力地在社会学、心理学、各种行为探索和近十多二十年新兴的成功学和幸福学里面大量叙述和论证，试图探寻人类行为的秘径，以总结出具有昭示意义的规律和公理，以便给众生一种智慧的指导。今天，我站在巨人的肩膀上，以微薄渺小之力所能采撷的，依然只是生活海洋中的一朵浪花，以期大家对无比宝贵的人生有所体悟。投一缕光在你心里，在该发芽的时候让你财富和幸福的种子发芽。人生宝贵是因为它是"有去无回"的单程旅行，有些事情要赶早。

这是我的一个梦，也是创作本书的初衷。作为商业顾问，我喜欢解别人解决不了的难题。纵观全世界，虽语言与文化观念有差异，但是，人类仍然探索和把握了许多事物的特征和规律。我想，这就是人类与猩猩最根本的不同，这也是为什么人类现在可以飞到月球上，而猩猩们仍然不会穿衣服还在丛林中生活的原因。探索、认识、规划、开发、潜力挖掘、总结、再前进，这不就是人类进步的轨迹吗？

"君子不言利"，谈钱论富曾经是件十分流俗的事，但是在现代社会，金钱是一种通用符号，它左右着我们的柴米油盐房子车子，甚至也渗透了原本属于精神领域的梦想和爱情，我们靠它维系生存中的一切，我们无法与它脱离干系。既如此，那就放下身段真心随俗，不妨大胆地解构和探寻，把金钱、财富和快乐、幸福作为一种物质与精神的健康追求和一种生活必备的和谐平衡。除此之外，我们又能以一种怎样的态度面对金钱呢？

人类对于知识的渴求是强烈的，更别说关乎自身的舒适、安全与富足了。人

前　言

　　人都想要一个快意人生，但生活中常有缺憾，真正能够幸福圆满的人生，无论是官方统计还是自测，比例都不算太高。正因为如此，追求财富和幸福的意愿才空前高涨，人们才会更加关注自己的人生，也就更加在意如何才能成就自己的人生。所以，花一点时间在自己身上，静静地观照，认真地思考，然后给自己的人生设计一个方向、绘制一幅蓝图。早立志，早发展；早规划，早行动；早执行，早实现。如果它是你人生中已经设定的一部分，如果你已经把它融入你的潜意识，那么，它就会是你人生的一种必须，就会转化成你人生中的一份必然。你相信吗？

　　有那么一天，在你人生的行进途中，当老虎从林子里吼叫着追出来的时候，你会知道，你之前曾经弯下腰系紧鞋带，所以现在比你的同伴们跑快了那么三五秒，这个预前的小动作，是多么、多么、多么地重要和值得庆幸。

　　祝你跑得更快。愿成功跟随你。希望你有个富足幸福的快意人生。

　　是为序。

狄芬尼
于新加坡东海岸鸣翠阁
2013 年 6 月

目录

第一篇　财富通论

01　你一生的几个关键阶段——生涯特征与财务目标 / 003

一、在成长期后期开始人生规划 / 004

二、财富是一个积累的过程 / 005

三、怎样规划财富人生 / 006

02　梦想的生活方式和你的财富魔方 / 019

一、梦想生活的门槛有多高 / 019

二、40 年四大步：玩转你的财富魔方 / 023

03　财富基础：尽早积累你的制胜资本 / 048

一、每个人都可以成为百万富翁 / 048

十倍薪与百倍薪的快意人生

二、多富才算富 / 052

三、奠定你的财富基础 / 053

04 财富意识与财富习惯：你是否背了只漏口袋 / 060

一、财富意识 / 060

二、财富漏斗 / 063

三、财富习惯 / 066

四、财富的方向 / 078

五、留住你的钱 / 079

第二篇　财富技巧

05 工作谋生　投资致富
——让财富和你一起成长 / 085

一、建立多重收入渠道 / 088

二、从计时报酬到无限收入 / 090

三、富足是一种变化着的心理诉求 / 091

06 财富借力
——让金钱为你打工 / 096

一、股票和其他有价证券 / 099

目 录

二、房产投资 / 102

三、投资或经营企业 / 109

07 创业和创富：让财富裂变式增长 / 114

一、财务自由及心灵的释放 / 115

二、黄金贵族：时间与金钱的主人 / 117

三、造富机器："印钞机" / 118

四、创业是一种全面精深的学习和再创造 / 119

08 财富的层次 / 122

一、三倍薪——什么叫宽松 / 123

二、五倍薪——什么叫舒适 / 126

三、十倍薪——什么叫富足 / 129

四、无限财富：百倍薪——什么叫卓越 / 130

09 你家的财富管理 / 133

一、财务知识与财商 / 134

二、预算和计划 / 135

三、风险管理 / 137
四、投资项目选择与投资回报 / 138
五、资产配置 / 139
六、定期盘点财务策略 / 140

10 你的税务规划 / 142

一、依法纳税 / 143
二、了解税务知识 / 144
三、你应该了解的税务种类 / 146
四、常见的节税妙招 / 148

11 规划退养 / 155

一、退休的几种形态 / 157
二、退养规划 / 164

12 真正富有的精神实质 / 170

一、穷人和富人谁更受欢迎 / 170
二、独善其身与兼顾天下 / 173

三、健康的财富心态 / 175

四、富足的生活与大爱的心灵 / 177

第三篇 财富策略透视——我目睹的创富故事

1. "就想做到最好!" / 181
2. 财富出少年 / 184
3. "有钱就投房地产!" / 187
4. 卖掉永恒——当钻石遇上网络 / 190
5. 未完成交响曲 / 193
6. 热爱和钻研是最伟大的老师 / 197
7. 咨询顾问创富的十倍法 / 200
8. 跨国拓荒 / 202
9. 会卖白菜就会卖别墅 / 205
10. 绵里藏针 女人心搭建百年计 / 208

参考文献 / 211

致谢 / 215

跋 / 217

第一篇
财富通论

01

你一生的几个关键阶段
——生涯特征与财务目标

我们常说的"一辈子"包含了一生的丰盛内涵，说长不长说短不短的百年人生，衣食住行、喜怒哀乐、成败荣衰、生老病死，庞杂而多面，浩瀚又细微。按照人生的成长过程来划分的话，人的一生通常可分为青少年时期、成年时期和老年时期。如果以人们在这三个生命周期里典型的生涯特征与财务特征之关联来细分的话，那么，人生其实可以归类为几个关键的节点（以下年龄仅为叙述方便，实际应用以相对模糊的概念为好，与临界年龄相差2~3岁并不影响整体规划效果）：

20岁前的成长学习期
20~60岁的奋进收获期
- 30岁前的探索期
- 30~40岁的稳定发展期
- 40~60岁的再起飞或维持期

> 十倍薪与百倍薪的快意人生

离职后的退养期
- 半退和独立期
- 依赖他人扶助期

下面让我们来看看在人生的几个关键阶段，大多数人在每一个时期里可能面对的重大事项，以及应该为这些事项做好的相应的财务和心理准备。

一、在成长期后期开始人生规划

你一定从电视里看过一些动物纪录片。大象和人类的成长期非常相似。小象在象妈妈的带领下，经过 20 年的学习方可辨识路径、学会在群体中生活，然后才开始独立生存。人也是如此，也需要一个约 20 年的漫长成长期：从呱呱坠地到三岁上幼儿园三年，然后小学六年，中学六年，大学四年，经历 19 年教育后通常在 22 岁才可以独立工作、养活自己。这个过程占据了人类生命周期的五分之一还多。大象和人类都是长寿且聪明的动物，因为前期长时期的学习而获得了更高的生存能力，从而维系了后期长达几十年的寿命。

在漫长的成长过程中，无论是在学校还是在家庭中，你会日积月累，越来越多地接触和学习到各种各样的知识，并且在这个过程中形成你自己的追求、抱负和价值观，萌发愿望，形成生活中大大小小的期盼、追求和目标。我们姑且忽略个别早慧的人、早出道打工赚钱的人，将当前普通城市青年的 20 岁看作一个财富创造的起始点——这正是大多数人本科、大专学习或者毕业前后的年龄，即将或者刚刚独立之时。他们行为独立但多数人尚未财务独立，思想和判断力、社会行为能力逐渐形成，正要开始他们人生的初步尝试，这一时期也是人生规划开始

01 你一生的几个关键阶段
——生涯特征与财务目标

的最佳时期。在正式步入社会的当儿，给你的人生寻找一个目标，确定一个方向，树立一个抱负，孕育一个梦想，清晰的人生定位和发展方向可以最大限度地调动你年轻的激情和活力，使你专注地、不遗余力地去圆你的梦、完善你的宝贵人生。

二、财富是一个积累的过程

无论是生涯规划还是财富规划，你都需要有至少十年的超前眼光以及实现的时间，你需要耐心地准备和落实。中头彩可能是一蹴而就的事，但是事实证明，任何一项达致你长久幸福和富足的策略，都有可能需要超过你十年的不懈努力。今天你想到的和播种的，就是十年后你面对的和收获的。

财富积累和生涯规划类似之处在于它们都是一个长远的系统工程。财富积累不仅仅需要细致的规划和准备，更需要佐以时间，用相当长的一个时期的操作和发酵来得到理想中的财富。梦想和现实之间的距离，就是这个实现过程的距离。从立意到摘收胜利果实，如果是苹果树的话，从栽种到收获最快是三年。如果你每月从薪水中储蓄100美元，你想要的苹果笔记本电脑大约1 200美元，那么一年就是你的实现过程。

财富目标的实现也是如此，这个过程因人因目的的不同而长短不一，其共性是必须完成这个实现的过程你才能够收获。当你的人生规划具体到买车、买房、每年两次出国游、45岁实现财务自由这样的内容时，它们会变成一串串实实在在的数字，沉甸甸地堆在你面前。这串你必须面对的财务数字，或许沉重到使你喘不过气，又或许足以令你傲视群雄。

财富的积累越早越好。"罗马不是一天建成的"，积累财富也不能一口吃成个胖子。无论你采用的是"每天省把米，三年一头牛"老式的财富积累方式，还是每月储蓄、兼职、炒股、买基金等现代方式进行，你的财富都是在日积月累中集腋成裘的。绝大多数值得炫耀的财富值，如果不是继承遗产和碰巧中彩票，恰恰都是需要经年累月的长期累积而获得的。即便是上市公司这种目前最为快捷的财富暴长方式，从商业计划书到公司运转，再到最快速的IPO应市，至少也要3~5年时间，更多公司发展了数十年才得以上市挂牌。

对于普通个人来说，提前十年的定位、规划和实施是如此必要。但即使如此，成功的规划只是一个行前的步骤，也还需要后期坚定的实施作为保障，否则只是一纸空文。并且即便付出了行动也并不能保证一定会成功，这意味着很多人的计划都可能因为这样那样的原因而被迫延后若干年。

换句话说，也许你需要更多的成长空间和目标实现的时间。这意味着你的规划更须提早、更须完备。大量的实践表明，一个企业没有八年的历史算不上成熟稳定，一个个体没有十年左右的社会经历和专业实践，无论是其个人经验层面还是个人财务方面的积累，都很难达到稳定和丰沛的阶段。这也就是为什么必须奉行"兵马未动粮草先行"的策略。在你期望的目标出现之前，你需要花很长时间去想和去做，目标通常是这样才能实现的。

三、怎样规划财富人生

前已有叙，成功人生的关键就是抓好几个人生的关键节点，这几个关键的人生步骤做对了，其他的就相对容易了。我们已经知道，除了前20年的成长期和60岁后离开职场尚余的30多年退养期之外，人的一生中能够真正为这一辈子创造价值、实现梦想的有效时间，就集中在20~60岁之间的这40年。假定在这宝

01 你一生的几个关键阶段
——生涯特征与财务目标

贵的40年里，每十年可以看作一个阶段性的典型周期的话，那么，你就有了四个需要格外清醒、格外努力的黄金奋斗时期，即20'时期、30'时期、40'时期、50'时期。如果在这四个人生至关重要的关键时期中，你的基础打好了，方向找准了，那么，基本上可以说你已经为你自己奠定了后顾无忧的幸福人生了。

（一）你的20'时期

20'时期，宛如早晨刚刚升起的太阳，是人生开始步入社会的上升期。20岁的人生像张白纸，设计成什么样就成什么样。那么，20岁的时候如何在人生的起跑线上画上第一笔呢？

首先，20岁年轻人的最大优势是拥有无限美好的未来，在人生诸阶段里拥有最多的发展机会和最大的实现可能性。初入社会，初入职场，几乎每一扇门都向20多岁的人敞开，各个行业都在向他们招手。这个时期的年轻人无论求学还是服务社会，精力充沛、锐气十足，头脑里没有条条框框，心理上没有任何负担，脑海里常有抱负和理想，像展翅雏鹰、初生牛犊，扎着架势要挤进人生的大舞台。

在经济上，这个阶段"小大人"中的一些人已经有过短期打工或者实习的经历，尝到过金钱的滋味，比如一些大专生和服兵役人员以及已经出社会的职高生；另一些则还在父母的羽翼底下，享受着家庭的关爱或者机构的资助，比如那些尚在求学的大学生和研究生。从20岁起年轻人陆续完成学业和兵役，相继进入社会，开始人生的长征。

一般来说，20岁起步期的人生和财务规划的关注重点通常在以下几个方面：

十倍薪与百倍薪的快意人生

- 第一份工作要做什么？
- 确立正确的消费习惯，如个人生活费、零用和其他财务安排；
- 交友与择偶；
- 开始预算和储蓄，准备结婚和住房基金；
- 在工作的初期要达到的职场目标和基本人生目标；
- 视野的拓展和能力的提升；
- 尝试投资。

简言之，这个时期的生活与财务规划紧紧围绕着此期的关注重点。在工作前期，考虑较多的是能力的提升和学业的继续，考虑的是拓展能力、探索有意义的工作与精彩的生活内容体验，考虑的是站稳脚跟，打好第一份工。稍后，便进入人生第一大事恋爱婚姻阶段，人们会正式考虑寻找一个可以携手人生的合适人选开始恋爱。在25~29岁时，工作稳定后，许多找到合适伴侣的人会考虑结婚建立家庭。

这一阶段的财务特征是：大多数人在经济上逐步实现自给自足并开始进行小比例的储蓄；除生活费外，用于学业和技能、自我提升的支出，如服装、交友、旅游的费用显著上升；一部分人开始关注理财技巧，一些人开始尝试股票、基金和单位信托等小额投资；随着年龄的增加和婚期的临近，他们逐步将注意力投放在房产市场，开始留心房产的地段、价格、设计并思考借贷等资金筹措问题以考虑房产购置问题。

他们中的一些人也会在经历几年的职场生涯之后真正找到自己的兴趣和志向所在，一些人会毅然选择业余的或者全日制的课程重返课堂，学习和扩展更具深度、广度的知识和技能，考取一些必要的职场资格证书，在实力和竞争力方面投资自身，进行人生的拓展性技能储备；另一些人会在一段时期的工作之后确定自己的职业兴趣并转换工作，而更多的人则会逐步地适应工作和社会。

在人生这第一个阶段里，有关你未来前途的、至关重要的生涯规划，应该立足于以下几个方面，并确保这些方面的落实：

● 确定职业方向和职业目标，只有职业稳定下来并不断成长，才能带来稳定并逐步增加的收入；

● 设定人生方向与生活方式，明确自己追求的生活方式所隐含的财务含义，即什么样的生活方式必须相应地投入多少精力和物质基础；

● 学会预算和储蓄，养成正确、合理的消费习惯；

● 预定3~5年的中短期目标，并努力达成目标；

● 尝试积累第一桶金并尝试投资，拓展多元收入渠道；

● 建立家庭和提升自身软实力。

20'时期的你需要达到的财务目标多不是一个具体的数字，更多的是一种实践和学习的经历、心得和尝试过程。在这个阶段你可以摔得很惨，但是跌倒了爬起来是一件非常容易的事，绝不会伤筋动骨。如果一定有那么一条你必须遵守的话，那就是：养成良好的财务习惯——学会储蓄，每月拿出收入的10%~30%进行储蓄，坚决不做"月光族"。其他的尝试则都是你在为30岁的起飞做积淀：你是否已经为自己修建了一条可以起飞的跑道。总之，没有20'时期的储蓄习惯、积累以及经验打底，你就不可能在30'时期有一个及时平稳的起飞。

十倍薪与百倍薪的快意人生

（二）你的 30'时期

古人说"三十而立"。30 岁的确是人生最美好、最重要、最能吸收、最愿意尝试的年龄。如果说人在 20 岁时多半还活在希望和憧憬中，那么，30 岁时是实实在在生活在自己努力和创造的现实与生活中。尤其，经过了 20 岁的青葱岁月，人生中那些飘忽的、空洞的东西被过滤掉了，剩下的是刚刚好不急不躁、没有太多空想也没有很多遗憾的踏实人生；播种的功夫已经纯熟，对于收获也有十足的把握。这个时候，大多数人有家庭、有事业，前途无量、后顾无忧，眼前满足、未来丰盈，无论做什么都堪称正当年。

假设你在 20'阶段实现了你的大部分设想，财务目标上也小有成绩，那么，在你至少五年的储龄中，你已经为自己积蓄了一笔不大不小的财富，并且还积累了极其宝贵的实战经验。这笔宝贵的财富，赋予了你经济独立权。更为难得的是，你在储蓄、投资这块"自留地"上的磨炼，使你在这个无可遁形的经济社会中，收获在学校和书本上难以获得的与经济的、社会的、政治的以及你个人的性格、勇气、心理、耐力、情绪相匹配的人生经验。这些经历是一种无形而宝贵的人生资产，它将传承和发扬于你未来的生命里。你在 20'时期形成和铸就了差不多决定你一生的基础。重要的是，这前十年的观念和实践塑造了你人生的大部分，以后将很难被改变——唯一能够做的便是修补、改善。

30'时期的你成熟而自信，有一些成功的尝试，也有一些失败的经验积累。生活向你敞开了那么多美好的大门，在这个意气风发斗志昂扬的十年，你头脑里的想法、念头、梦想和期望如潮水一样奔涌：

01 你一生的几个关键阶段
——生涯特征与财务目标

- 成家立业是这个时期的人生主旋律；
- 结婚、购房和育儿基金是这个时期的最大诉求；
- 职业方向的磨合和逐步确认是此期事业的必经之途；
- 家庭和个人生活品质的建立和逐步提升是此时人生的重要要求；
- 开始尝试负债和借贷；
- 开始面对风险；
- 拓展财富渠道、财富增值提到日程上来；
- 考虑风险保障，编织人生安全网；
- 一些先知先觉的人开始留心养老问题。

在人生的第二个创建阶段，虽然你还年轻，但必须面对和解决的问题通常重大而富有决定意义，无论是在职业选择上还是在人生伴侣选择上的失误都将带给你莫大的烦恼和痛苦。同时，金钱开始越来越多地对你的生活产生影响，无论你是否觉得它庸俗，你的人生被金钱浸染的味道都会不断地加深——不管你愿不愿意承认，庸俗的物质都将是美丽生活不可分割的基础部分，而且当物质生活困顿、贫乏的时候，你的生活无论如何都不会太美好和高雅。

在现实的开端与未来幸福的憧憬之间的这个阶段，你的财富策略是：

1. 确定职业方向和职业计划，包括职业目标、职位升迁以及要不要转换职业跑道、要不要进一步提升职业技能；

2. 由于生活中大量事件的陆续登场，财务方面的需求大幅提高，所以需要考虑、设计、演练、实践不同的方式来摸索你个人有效的财富渠道，不能再仅仅依靠单一薪水，尝试拓宽收入渠道成为当务之急；

3. 确立和弄清自己的财务状态，分清资产和负债，学习使用杠杆，学习面对风险，是这一时期需要掌握的技巧和必需的心态历练；

4. 开始铺设自己的安全网，包括购买保险、慎重借贷、调整消费和稳健投资增值，这个时期开始思考养老问题一点也不算早。

这一时期的你精力旺盛、敢打敢拼，没有任何事情可以吓倒你。你考虑最多的是职业发展、能力与债务的平衡以及在此基础上追求财务拓展渠道，探索一种多元化的财富增长方式，还有如何建立起一个行之有效的投资组合来确保收益的最大化和持续性，当然还包括你和你家庭生活品质的提升。与此同时，你还惊奇地、十分清楚地发现，坐你对面办公桌的那个与你同年同月同班毕业同样起薪的家伙，与你的生活距离正慢慢地拉开。

随着30'时期的到来，你突然发现人生越来越美好，想做的事情越来越多，而你肩上的责任也越来越重大。现在，你不是"一人吃饱全家不饿"了，美好生活突然激发起你更多的美好愿望，不仅仅是你的还包括你另一半的、你孩子的，甚至有时还掺进来一些抚养你长大但是目前已经进入暮年的你父母的一些期望。

无论如何，作为一个家庭成员，你不一定要满足所有人的所有愿望，但是有许多事情你是责无旁贷无法推脱的。作为一个有一定经验、有一定能力和一定实力的成熟的收入创造者，当步入30'时期的这个十年，人生最美好的上升期一定会让你无论是王子还是平民都表现得雄心勃勃、奋勇进取；无论你已经拥有许多还是根本什么都没有，总有些事会诱惑得你蠢蠢欲动、摩拳擦掌；不因为什么，只因为你处于人生这个最丰满的阶段，你一定会尽力冲线以证明你自己——只因为在这个阶段你年轻，而人生对你是这样地宽容和美好。

总之，30'时期事业和生活的主旋律是"奋进和提高"，比起20多岁尚且存在部分虚幻和不确定来说是一种质的飞跃。大多30多岁的年轻人在职业和财富方面都会有一个突飞猛进或者稳定提升的正向结果。如果没有什么大的经济波动、个人职业方向变化或者学业再提升计划，一般此阶段大多数人的财务都呈现稳定增长的特征。当然，这个时期也是最好的投资实践、广开财源、倍速增值财富的阶段。30多岁的人像疯长期的植物一样，几乎可以听到劈劈啪啪的拔节声，虎虎生风的快速成长带来广阔的视野和大量的财富积累的机会。

（三）你的40'时期

人生如白驹过隙。青年时期像节日夜空里的烟花，绚丽璀璨但是转瞬即逝。生活以它自有的规律照常进行。转眼间你奔"四"了。蓦然回首，许多人突然意识到自己处在了一个不上不下的境地：职位没有多大提升，钞票也没有赚得太多，却积攒了一把年龄；上有老下有小，虽不很显老但脸上也留下了岁月的痕迹；生活上虽说能过得去，但是还没实现理想；虽然比下有余却还是有很多期望和要求没有满足；在职场上说起来经验老到但已经不够新潮；虽然收入比以往高出很多甚至翻了几番，人生的欲望和希冀总是变魔术似的快速膨胀；孩子渐渐长大，花销也跟着涨，父母一天天老去，医药和看护的负担日益加重；自己和另一半的精力开始不如先前，眼看着要上大学的孩子和邻居新买的房又不甘愿就这么没长进。还有——通货膨胀！世界经济也不再有靓丽增长的百分比，反而是此起彼伏，东边不亮西边更不亮。物价在涨，压力也在涨……

"汉堡人生"开始于承上启下的中年。"夹心"的滋味在你人生滑过抛物线的顶点后悄然登场。你感觉到有点失落有点烦。

不过，也不是各方面都不好。人到中年，你心态成熟，身体健康，年富力

十倍薪与百倍薪的快意人生

强，经验丰富；人到中年，你有前面 20 年的积累和社会历练，你雄心犹在，可谓该拥有的你都拥有了。此时既可攻还可守，再不会像年轻时候那么匮乏，也没有老年人的衰落。因而绝大多数中年阶层的幸福指数还是比较高的。更何况，中年时期是人生的丰收季节，不仅职场得意、获得高薪，而且拥有家庭，坐享 20 年耕耘的成果。很多人不仅拥有了第一套住宅还拥有多种投资，并且一些表现优异的中年人事业有成，名誉、地位、财富和声望都创下新高，个别佼佼者的财富积累可以用亿万形容。就世界范围来说，这个阶层也是富豪云集的阶层，并且很多是亿万级别的大鳄。

40 后的境况：

- 40 后的人生多属收获阶段。很多人已经拥有第一套住宅，一些人跃跃欲试投资第二套房产或商业地产；随着子女的长大，那些最早在十多年前已经购置房产的人开始换大房或享受投资回报。
- 多数子女已经开始上中学、大学，需要筹备和支出更多的教育基金。
- 发展比较好的中年人往往拥有多项投资，拥有几种稳定的收入渠道和成熟的财富增长方式。
- 清偿和还贷以减轻负担。
- 完善保险，准备退休基金开始为即将来临的老年生活奠定基础。
- 中年危机降临，在一贯熟悉的生活中厌倦和迷失，一些人要转换工作，一些人开始创业。
- 稳固财富和进行资产配置。

40 后的财富策略：

1. 稳健中求拓展。你已经拥有良好稳定的职业以及较高的收入，更有可能

01 你一生的几个关键阶段
—— 生涯特征与财务目标

加薪晋职。通常在这个阶段，你已积蓄可观的财富，未来乐观前程远大。

2. 满意与不满意的博弈。此期无论成功与否都会对自己瞻前顾后，有一个既满意又不十分满意的矛盾阶段。这是"人在中年"的特点，无论向前走还是维持现状，"比上不足比下有余"的财务状态常常让人犹豫和困顿，处于一个平台期。

3. 夹心层的尴尬和中年危机。正是这种承上启下、进与退的左右摇摆，使很多中年人在智力的高潮和体力转折的特定阶段，产生职业疲劳，无法突破。"中年震荡"从身心特征辐射到事业、家庭、情感、健康等方面，并进而影响个人的财务状况。

4. 财富储备与财富升级。正向意义的中年进取常常带来巨大的事业版图和财富方面的成功。过去的经验和积累是良好的再腾飞的基础，一些人顺利把握这种人生经验和资本优势，再创出人生的辉煌。据世界范围的统计，38～49岁这个年龄段的超级富豪占的比例是各年龄段最高的。

5. 满足与停滞。自然地，另一拨中年人看着事业有成、儿女长大的今天会有一种由衷的满足，开始自然而然地按部就班，着力于看守既有利益，步步为营随遇而安。

6. 更新与守旧。激流勇进还是止步不前加剧着人生差距。

中年是一个分水岭，激流勇进的和止步不前的会在此时形成明显差距。中年时期的退与进，恰恰决定了贫与富、普通富裕与超级富裕的阶层定位。这是决定你后半生生活与生命质量的一个里程碑，也是你能否让财富涵盖自己、惠及子孙的决定性时期。财富是否可以传世、是否可以造福和回馈社会，亦在于你中年的二次搏击。

（四）你的 50' 时期

岁月如梭，40 过后是 50。迈入 50 岁，中国有句老话叫"四十不惑，五十知天命"，它集中体现在中年以后的最后一个创造高潮——"不惑"和"知天命"都意味着人生智慧和经验的高峰时期。而"大器晚成"这个词集中显现在：很多 50 后的人往往成为社会中坚，在政府机构、私人公司担任要职，许多人此时真正想明白了，知道自己想要一个什么样的人生。他们从容地选择和把握最适合自己的发展节奏，选择自己最在意的人生目标，并清醒地实施一生中最后一个冲刺。

大多数人的 50 后，常常意味着有 25 年以上的资历，无论人生经验、职场能力、薪酬回报还是个人积蓄，都处在一个相当完备的阶段。这个阶段有很多人家庭幸福圆满，孩子长大成人，没有太多事情需要操心，事业稳定不可替代，身体健康，眼界开阔，心胸豁达，成熟睿智，虽体力稍减但没大毛病，唯独父母多已年迈，时有赡养与照顾问题。

50 后又是一个敏感的时期。当额头出现皱纹、精力明显下降时，延续的中坚阶层依然会有许多期望，也会有许多无奈。大多数人会明显感到年龄这种东西的存在，视力的减退和心理的烦躁更随时随地提醒你不能无视前方的衰老。"心有余，力不足"，不再像年轻人一样可以拼几个通宵。虽然自认开明却还是生出越来越多的看不惯；有时候表现的执著却被人当成老顽固，过去不算什么的事情现在看来都有风险。

矛盾的是，熟悉的却感觉不再新鲜，头脑开放却不再容易接受。有长期积累的心理优势却还会生出恐惧和疑虑，那是一种害怕不能与时俱进、终被淘汰的感觉——一份老年来兮的若有似无的不自信。很多人在临近 60 岁前，即使没有被机构或竞争对手淘汰，也已经先行自我淘汰了。无论实际上是否还坐在办公室里，因为心已经不再进取，退居防守，就等着年龄一到"被退休"办证领钱了。"夕阳无限好，只是近黄昏"，实在是一种衰老的写照。虽然上校在66岁时创立肯德基，但是"大器晚成"仅仅是成功学的特例，对大多数人来说并不具备普遍意义。

50后的人生规划与财富策略：

1. 退休金成为50'时期的第一要务。即便是适逢子女婚嫁、父母医护赡养的夹击，也请不要顾此失彼，将以后赖以生存30年的养老金散做他用。

2. 降低风险，保本投资。

3. 检视安全网是否足够，尤其是医疗保险。

4. 彻底清偿债务，无债一身轻；并检视住房状况，是否需要调整，如果空巢，宜大屋换小屋。

5. 注重精神生活，培养年老后的爱好。

50岁后的人生是丰富又复杂的。走过半个世纪，走过人生的高点，接近安宁的晚年也常常是回味人生的时候。落叶悲秋或许难免，但是多数人尚能等闲视之，并且越来越多的人更加懂得珍爱人生。人生苦短，多数人在尾声时格外珍重，有许多人因而领悟和达到了人生更为深刻的幸福，所以，在所有年龄段中，老年人的幸福度是最高的。

这个阶段的人面临一些常见的问题。其一是财富积累较好，但职业与身体走下坡，多多少少开始出现健康问题：颈椎、腰背疼、视力问题、易疲劳，有些还会出现血压、肥胖、血糖方面的问题；其二，"夹心族"中一些财务不富裕的人容易集中面临孩子求学、结婚，老人住院、赡养等诸多问题，如果积蓄不足又适逢裁员，将面临人生中最严酷的冬天。

十倍薪与百倍薪的快意人生

当人生继续前行进入 60 岁以后，人们面临的生理和心理问题逐渐增多，健康情形也越来越不乐观。人们开始进入带病期，许多人多多少少开始出现健康问题，甚至是心脏病、高血压和糖尿病等一种以上的严重疾患，即使健康情形比较好的也常会有一些关节退化、腰酸背痛的小毛病。对于辛辛苦苦打拼了一辈子的职场也逐渐可以放下了，不再执著于追求事业，而着意修养和享受一些美好时光。一些人盼望早点退休，腾出时间做这辈子最想做而没有来得及做的事，旅游、养花、运动、阅读，或者创业等等，以更轻松更自在的方式享受生活、享受人生。

纵观人的一生，如果前二三十年都还没有将自身的财务问题处置稳妥，都还没有过稳定、称心的职业发展，那么，这个时候就是强弩之末了。我们不是说 60 岁以后就不可以再开创事业——事实上山德士上校恰恰是 66 岁才创立的肯德基，但是对于绝大多数人来说，这是一种自然的生理界限，不再是这个阶段的人奋斗的优势时期，这也是社会共识。

只有一种情况除外，一些人到了 60 多岁以后可以乐活，也可以选择退而不休。那么可以这么说，他们一定是在四五十岁或者更早的时候就准备好了某种条件。谁可以让你到了退休年龄而不必退休？答案是你自己。一方面是你拥有卓越的能力使得公司机构依然需要聘用你——像我的二哥一样退休后作为航天遥感专家又被聘用近 15 年；另一方面，就是你已经拥有一个永远属于你自己的人生舞台，没有人可以赶你走，因为你就是这个公司的拥有者。无论你是选择一个子孙绕膝颐养天年的乐活晚年，还是选择一个永不言退、活到老干到老的无比精彩的奋进人生，我要说的是，高兴就好——一个富足的可以安享的幸福晚年总是可以告慰终生的：我们这唯一的一生。

02

梦想的生活方式和你的财富魔方

一、梦想生活的门槛有多高

根据上一章的内容,我们大致把人生划分为四个富于创造性、最有贡献价值的时期。这四个时期相互依存层层递进,有着密切的内部关联。如果前期的规划和目标奏效的话,那么后期的结果就是顺理成章水到渠成。在老之将至的时候,你不需要任何人提醒就清楚地明了自己这一辈子在人群中的位置。如果你每一个阶段都按照目标实现了你的愿望,那么,你会有一种发自内心的自豪和自信,一点都不必担心你退休以后的人生。

我们经常从报纸杂志上看到一些有关财富的统计数据,这些数据十分有趣也十分无情地揭示出我们每个人所处的财富位置。一项统计表明,全世界50%的财富掌握在2%的人手里。大量的娱乐和八卦新闻都在描述,豪门的一个小小的名牌钥匙包可能是穷人一个月的生活费;年轻的新富在几年里创造了成千上万人

十倍薪与百倍薪的快意人生

一辈子也创造不出来的财富；FaceBook创始人马克·扎克伯格因公司上市而拥有的130亿美金是一大船中等年薪收入的人工作一辈子所创造价值的总和。

我们不会仅仅建议你把你的财富目标定在拥有多少数目的金钱上，给你的有效建议除了合理地预算和积累保障你一生使用的财富，在自给自足的同时，亦能惠及子女和帮助社会上有需要的人，还兼顾到你的精神需求和心理健康，使你完善自我并享受温馨舒适的幸福人生。

那么，人的一生需要多少钱呢？对这个问题大家都很有兴趣，都很想知道一个确切的数字。但是，各个国家收入不同、文化不同，每个地区、每个人生活目标、生活方式和消费风格也各不相同，给这项统计带来非常大的难度，众口难调、尺度不一使估算人一辈子究竟需要多少钱简直成为不可能的任务。即使如此，各国专家通常会以大众的共同认知取向，粗略地给出一个参照性的财富建议。

比如，从理财专家的面询建议到报纸专栏和网络文章，你都可以很方便地获取人们心目中希望拥有的财富数值。在新加坡，如果你想拥有一个有质量的人生，理财顾问通常建议你要储备至少100万新币来应付退休以后长达20~30年的生存期，这还不包括你应当已经为自己准备好了还完贷款的住房；美国的临近退休的中产阶层希望退休后可以拿到每月3 000~5 000美金以便到世界各地走一走；中国内地的房地产价格飙升之后，网友们粗略计算出，一个家庭需要有2 000万人民币才能有一个高质量的悠游人生；中国香港居民理想的"快乐年薪"是153万港币，全球各国理想中的"快乐年薪"平均是125万港币，约100万人民币。

大致上，拉长补短，综合美国、英国、德国、意大利、新加坡、中国香港、中国台湾、韩国、日本和澳大利亚等国家和地区的生活水准和生活素质，大约概括如下：如果你想有一个快意人生，那么300万美金可以作为一个粗略的标准。在这个标准下，300万美金的生活方式可以如此形象地描述：

- 拥有一套付清贷款的自住房产，通常是指有24小时安保和带公共花园、泳池的公寓（非高端别墅）；
- 可以供给不超过两个子女的中等偏上但不属于超级名牌的学校教育费；
- 每年有2～4次的国外中等消费的度假（非头等舱机票）；
- 一辆或两辆大众型家庭轿车（非高端品牌）；
- 银行账户拥有不低于30万美金的现金存款、有价证券或其他投资产品；
- 拥有可以覆盖终身的医疗和其他功能的保险；
- 最好还要有每年可以持续入账的能够支持部分生活开销的收入。

这是一个绝大多数人梦想得到并且可能拥有的典型的中产阶级精英的生活方式。对于广大的中产阶级和生活在城市的中高收入的白领精英来说，多数人的理想生活美好、实际而充满理性，并没有太多人盲目追求拥有法拉利、蓝博基尼、游艇和私人飞机。他们所梦寐以求的都是可以在有生之年实现的东西：自有的住房；一些品牌消费和享受；海外度假、观光、冲浪、滑雪、潜水；子女教育和自身老有所养。这是一种有玫瑰色彩但是可以实现的梦幻生活，它值得你去奋斗和追求，并且在追求和实现的过程中，享受这种有品质的人生。

生活本身没有那么复杂，快乐富足的生活需要物质基础，但并不意味着需要太多太多金钱，不需攀比、经过个人努力换来的美好生活是绝大多数人的心愿和梦想。300万美金，双薪夫妇，20年以上的努力，这个目标虽然不易实现，但是在以上国家的经济体制、工资结构、税率和消费品质的大框架下，很多很多的人

十倍薪与百倍薪的快意人生

都已经梦想成真。

当然，即使这样的标准也依然不低，它的确需要你长时期的努力奋斗才能换取——如果你想的是快速致富，请直接去买马票而不是继续阅读本书。正像你知道的，世界上现在有千千万万的人都已经通过努力圆了这个梦并拥有了高品质生活。在新加坡，有将近17％的人居住在品质优良的私人房产里，每16个人就有一名百万富翁；在中国，有100万人拥有1 000万人民币以上的资产；在那些发达国家里，中产阶层是绝大多数人的所属阶层，他们努力工作，幸福生活；77％的英国人感觉自己是幸福的；欧洲和日本即使经历了长期的经济不景气，许多人也仍然保持着相当水准的生活品质。财富的积累需要相当长的时期，财富的消耗也不是一日一时的。欧洲白人有大约30％的人继承父祖辈的遗产；亚洲四小龙国家和地区过去20年的积累和发展也使得人们的生活水准大幅度提高。目前，中国游客在世界各国的名牌消费强力支持了高端品牌在世界各国的成长和发展。人们过去创造的财富和现在不断继续创造的财富足以抵御当前各国频繁发生的阶段性经济危机。

所以，建议你为自己设计和规划一个较为长远的策略和方案，它足以抗衡你一生中可能出现的方方面面的问题，足以保障你幸福富足的人生。这不仅是必要的也是十分现实的。这个标准如果定得太低，当然也可以得到快乐，但不足以在一些意想不到的重大事件发生的时候，依然给你长时间的支持和充当生活保障。当然，即便是如此，对于充满不确定性的漫长的人生，人们还是没有找到一个万全之策以保障终生，你还是需要根据时局的变化不断修订你的计划。

因此，每一个人梦想的生活方式的描述，应当建立在理性和可以企及的前提下进行预设。建立一个通过努力可以实现的生活和财富标准作为行动参照并为之

02 梦想的生活方式和你的财富魔方

努力是有现实意义的。确认自身的愿望和能力，不盲目攀比和抬高标准，对自己的目标实现更加有利。绝大多数的人都十分清楚地知道自己不是比尔·盖茨、巴菲特，也不是乔布斯那类具有非凡创造力的人。绝大多数人对拥有亿万家财甚至都没有认真地去想过，他们只想要他们认为属于自己的那种生活，成为衣食富足、幸福快乐的人比成为超级巨富对他们更具吸引力。并且，很多很多人十分清楚地知道，更大数目的金钱并不代表更多的快乐。

另一方面，我们中的绝大多数人在一生中接触最多的是五到六位数的家庭财务数字，个别人在处置房产和商务事项的时候，有机会接触到七位或七位以上的数字。当然，这中间并不包括专职做财务和金融工作者之所为。我们说，在纯粹处理私人事务的时候，百万数额对很多人来说已经够大（不包括韩国、日本、泰国、印度尼西亚等小币值国家），很少有人接触到太大的数目，尤其是处理自家事物、使用自己的钱财时。基于此，我们暂且将2012年以后的若干年里，人们梦想的家庭财富标准设定在300万美金这一杠杠上。当然，我们没有预设上限，多多益善永远不会错，如果少了这些钱就有可能生活得不那么随心所欲。

本书的一个目标就是，帮助那些年轻人在20岁的时候起步，帮助那些想要改变贫困境地的人，通过自身的努力改变命运，在退休之前打造好至少300万美金标准的不是巨富但却舒服快意的人生，尤其是那些没有含着银匙出生，但是愿意努力拼搏、自我奋斗、拥有抱负和梦想的人。

二、40年四大步：玩转你的财富魔方

前已有述，人的一生能够全心全意用于工作和创造财富的黄金年华大体上来说只有40年，只有极个别的人可以幸运地一直工作五六十年。绝大多数人在法

十倍薪与百倍薪的快意人生

定年龄不管还有没有工作能力都是要退下来的，有的是给年轻人腾位置，有的是因为身体和其他方面的原因而不愿意再辛苦，还有一部分人是因时局变换以及其他无关自身的原因"被退休"的。通常，能熬到正常退休年龄的都算"修成正果"，辛苦了一辈子，能够有一个衣食无虞的晚年，做自己开心的事情，安享晚景，已经是圆满人生了。如果在这宝贵的创造性的40年里，你能够稳健地迈上人生的四级财富阶梯，那么，幸福快意的富足人生便不是很遥远。

（一）第一个十年：确认方向和目标

当你在20岁左右（前后差几年不算什么大问题）开始思考你的人生和规划、你理想的生活的时候，无论此时你仍在就读还是已经开始独立工作，最最重要的是，你需要进行清晰而全面的思考，你需要明确知道你将要干什么、如何实现人生目标。这个思考有可能是一次成型的，更多情况下是不断改变、逐步完善的。

你刚刚起步的人生规划可能过于瑰丽而离生活太远，远到不切实际或者没有结合你个人特质，因而根本实现不了。没有关系，即使这样，你仍然需要有一个开始，生活这只全能的手会慢慢修正你、引导你找寻到最符合你人生的原本的位置。在你进行的初步的规划设计中，你只是思考和决定了一个方向，这个方向决定着你行动的目标。如果经过认真周全的思考，你可以清晰地在脑海中"看"到你的未来，这是值得恭喜的。

视不同情况，有些人天生悟性高、头脑灵活，早早地就知道这一辈子想做什么、怎样去做；而另外一些人则需要别人的启发和引导，或在实践中摸索出来自己要的是什么。无论你是先知先觉还是后天顿悟，都一样可以成功，并且不因此而损害成功的程度和质量。当然，还有一些人，不幸地属于一辈子都不知道自己

02 梦想的生活方式和你的财富魔方

要什么的那种人。如果你偏巧属于这样的人，成功亦可以造访你，但是，天大的好运砸到头上，就是你接住了也不能持久地留下。

总之，这个有形无形的思考是必要的，并且越早越好、越明确越好。早定位早受益，没有目标的人生就像没有地图开车乱跑的驾驶员。任何成功的、失败的、富有的、贫穷的、幸福的、痛苦的各种形态的人生，缔造者都是你自己。当然环境和运气的影响是存在的，但无可否认的是，任何一个不尽完美的社会形态下都涌现出了大量的成功案例。所以，命运是你自己创造的，只有你自己需要为你人生负责。而这个负责任的人生，需要从认真思考、仔细规划开始。

在这人生最美好的 20 多岁的时光里，很多人还生活在父母的庇护和支援下，因而无忧无虑，无须为柴米琐事分心。刚刚踏入社会的年轻人意气风发、斗志昂扬，现代多元丰富的动感生活充满诱惑，社会节奏越来越快，生活潮流不断变换，生活品位不停追高，对于刚刚步入社会的年轻人来说，一大矛盾就是生活技能的不足和生活要求的繁多。这个矛盾集中体现在赚钱和花钱的平衡方面。

由于现代社会的快速发展、经济领域的剧烈变化，人的生存压力越来越大。在独立人生的起步伊始，建立长远和得当的人生目标，养成良好的财务习惯，合理地规划自己的收支，全面地培养各种应对的能力和专业技能十分重要。这个基础是否牢靠，将直接影响到今后的生活品质和生存质量。一个良好的开局是成功人生的一半，也意味着以后诸多步骤的顺利进展。

在人生的第一个阶梯上，你需要明了和掌握的是：

第一，学会储蓄。

好习惯一定要在刚刚开始的时候养成。从一开始养成的不正确的习惯，不仅改起来很费周折，有时候还积习难改，很难回到正确轨道上来。从人生的一开始，应该是从孩提时期，父母和家庭正确的金钱观和消费习惯，就对后代起着重大的影响作用。从一开始接触金钱开始，为人父母者就需要引导孩童认识金钱，从小养成合理消费和储蓄的习惯。在英国和新加坡，孩子到了五岁的时候，就可以在监护人的联名下，开设自己的银行储蓄账户，这样孩子们就有了一个接触、储存、使用、增加金钱的合理合法的正确渠道。

对于刚刚参加工作的年轻人，从一开始领薪水的时候，就要培养和坚持储蓄的好习惯。每个月首先从薪水中拿出10%或更多存入专门的储蓄账户。现在的银行服务都十分周全，有各种针对不同类别的储蓄而专门设计的账户供你选择。最方便的是自动转账方式，在每个月薪水发放之后指定的数额就会自动转入一个固定的储蓄账户：这个账户通常利息稍微高那么一点点，没有任何规定你不能动用这个账户里的钱，但是如果遇到急用动了账户里的钱，那么这个月的全部利息就会损失掉，银行就是用这种小小的奖励和惩罚来鼓励和帮助你存下钱的。这种"首先支付自己的储蓄"可以"强制性"地保障你在生活费用之外留一笔富余下来的"闲钱"。不管你的年薪是两万还是三万，一年后你就有了一笔两千多或者三千多元的备用资金，三年后、五年后，加上利息，你就有了一笔可以派些用场的数目不小的基金了。

每年三五千元虽然不是一个大数目，但是，经过持久的坚持和复利的连续若干年的滚动，即使没有什么大的动作，十年后都是一笔可观的基金了。更何况有许多人就是运用这个简单的方法，将奖金、红包、加班费等额外收入也拿出一部分积累下来，并且随着工作资历增加，薪水不断增长，你储蓄的比例也逐步增加到20%～30%。假以时日，5~10年的积累通常会成就你一个婚礼的费用、一份提升学位的学费，或者是一部分购房款的首付，当然也可以是你启动投资或创业

02 梦想的生活方式和你的财富魔方

的第一桶金。每个月持续的这份小小的储蓄计划，将给你的梦想插上起飞的翅膀。

储蓄十分简单，它是一个人工作之后安身立命的必学一招。目前，经过2008年世界金融危机之后，连一贯"花明日钱"的美国人也开始了储蓄。储蓄最根本的意义是积谷防饥以备不时之需，更重要的，它是你个人积累资本的最原始来源。当一笔小钱多年后滚成一团大资金的时候，你就会深刻明了拥有资本的人不仅仅只是拥有了钱，它还带给你选择、便利和更多的发展机会。

第二，尝试投资。

大概在你耐心储蓄3~5年以后，当你因固定的储蓄习惯带给你小小的成就感——一笔资金之时，随着账户里储蓄数目的逐渐增加，你会发现你的信心和想法也在随之增添。你会逐渐留意以前没有"多余钱"时不曾留意到的一些事，可能是购买较为贵重的物件，也可能是动了买房、买股票、做点什么生意的念头——这个时候你已经在考虑投资了。对于年轻人来说，投资就像少年时的习武，也是越早开始越好。

世界首富巴菲特五岁就开始送报赚零花钱了，几年后他将积攒的送报纸的钱投资了两台糖果机放在理发店里，供等候理发的人解闷。第一次的投资给他带来回报之后，他又开始打捞掉在湖中的高尔夫球，洗净以后便宜卖给那些打球的人。卖二手高尔夫球之后，他开始通过做股票经纪的父亲代劳尝试投资股票。14岁的巴菲特就已经因为股票盈利而成为联邦政府的纳税人了。少年时期开始的一连串投资行为已经表现出他对金钱的独到感觉，这些经历也很好地培养了他对资金的操作和调度，对他最终成为当今世界独一无二的"股神"功不可没。年少时候这种对金钱感觉的历练，让他在成年以后的"滚雪球"本领非同一般。

027

十倍薪与百倍薪的快意人生

对于今天的年轻人来说，不管钱多钱少，类似于少年巴菲特的投资尝试是不可缺少的。只有在不断的投资尝试中，你才可以找到最终适合自己耐受力和习惯的投资领域和投资方式，它可能是国债或者股票，也可能是收藏和贸易，还可能是朋友的小生意和合伙公司，等等。在尝试中学习投资之道，是寻找和成就财富人生的最好方法。在尝试投资的过程中，你可以积累实战经验，可以从零开始财务管理，还可以因面临风险而学会规避。只有在投资的路上开步走了之后，你才能够获得体验和投资心得。尝试投资你不一定就会赚到钱，甚或还会赔钱，但是，如果永远不去尝试，你就永远不可能感受到投资所带来的回报和成功。

总之，学习投资可以让你尝试"以钱生钱"的操作，还可以让你通过投资学习到许多实用的财务管理技巧和金融知识。当然，投资是有风险的，失败的投资有可能减蚀你的本钱，但是"不是得到，就是学到"，投资所带给你的，是金钱和精神的双重回报。而对于年轻人尽早尝试投资的建议，理由还有一点，那就是，即便失败了你还有咸鱼翻身的机会，你还有大半辈子的时间来修正错误，可以从头再来，而年龄太大的话就再也不能够了，这就是生命对于年轻人的特别优待。

第三，确立方向，树立目标。

方向和目标是成功人生不可或缺的重要因素。美国心理学家一个长期跟踪项目的调查研究发现，27％没有目标的人生活相对贫困，60％有模糊目标的人生活时好时坏，10％的人有清晰的短期目标，他们的生活相对于那些没有清晰目标的人来说更为富裕和稳定，另外，大约有3％的人不仅有清晰的长期的目标，还持久地坚持这个目标，这部分少数人就是那些有巨大成就的人。这个结论是否与我们平时观察和应用的20∶80原则的精髓相吻合？是不是也接近平日里"十里挑一"的优秀法则？

目标是你人生中的地图和方向标，没有目标也就没有终点。误打误撞只是一种偶然，任何成功人士不乏运气，但决不像买彩票一样仅仅依靠运气。有了目标，心中就有了期待，就有了一份持久萦绕心田的梦想。心里的那一点光虽然微小而且杳渺，但却可以导引你人生的航程。目标—期待—梦想，会让你产生无穷动力，去探索、去发掘、去尝试、去实现。这种来自心底的内动力胜过任何外人强加给你的责任和义务，你会像爱因斯坦一样去发现你的人生，去创造和成就你的多彩生活。尽早找到自己的兴趣点，尽早树立一个努力的目标，让心底亮起一束光，让自己"看到"自己的未来。

总之，在人的第一个十年奋斗期，最重要的是，有一份工作让自己站稳脚跟，开始储蓄以奠定个人实力，学习投资并为自己找到努力的方向。给你的生活勾勒出一个大致轮廓——你将朝着那个人生方向迈步行进。记住，没有20'时期的各种积累打底，你就不可能在30'时期腾飞。

（二）第二个十年：世界是平的

在你30岁开始的这个十年，是你人生中最重要的两个阶段之一（另一个是你下个阶段从40岁开始的时候）。之所以这样说，是因为相对于20岁的懵懂不开，"三十而立"的年龄被视为接近成熟的年龄，不但精力和体力达到了高峰，也因为有了前面十几年教育学习的垫底和毕业后出社会的实际工作经验，成为一个实践与理论都已涉及和接触了的完全独立的人。

更难能可贵的是，这个时期是人一生中最豪迈的阶段，初试啼声后自信充盈、兴趣盎然、一腔抱负、敢于探索，还未遭遇人生特别重大的挫折和失败，所

十倍薪与百倍薪的快意人生

有小的不顺正好可以当成励志的教材。这是一个风华正茂敢想敢干的年龄，这是一个前不怕虎后不怕狼的时期。30来岁的人作为父母尚且年轻，有些还没有小孩，可能有了一个伴侣分担忧愁和依偎取暖，即便已经成家也没有太过沉重的负担。这是人生中最轻松、最自由、最奔放、最敢想敢为的年龄段，因在人生的上升阶段而虎虎生风、志得意满。

从个人财务上说，进入30岁后的十年，也是初尝胜利果实的甜蜜之后升腾野心和实现抱负的时期。20'时期的后几年，已经从一个社会新人、助理、办公室的底层慢慢"熬"到了执行人员甚至初涉管理层，收入也已倍增并且有过一些投资行为，品尝过一点成功的味道。30'时期的确应该是放开手脚、大胆拼搏的时期。对于30'时期的年轻人来说，此时豪迈无所畏惧，世界上任何的沟沟壑壑没有踏不平的。

在这个宽广的人生大舞台上，你需要特别掌握的法则是：

第一，替代性升级版职业和财务规划。

你已经明了，树立一个明确的目标，可以更为有效地帮助你获得所希望的成功。对于30多岁的人来说，送给自己最好的人生礼物莫过于初入社会之后十年积累所带来的人生领悟——你要在这个时候给自己做一个精确全面的升级版人生规划，总结你的前十年，捕捉你以往的精彩，修补你过去的不足，为你即将开始的全面发展做准备。

在这个有针对性的中期职业规划里，你需要全面检视已经走过的十年职场人生，客观评估自己在职场的各种表现，发现自己的强项和短板，发掘自己的兴趣和潜能。坦率来说，这样的反思只有你自己可以做好，没有人比你更了解自己，任何人对你的评估都是次要的——你需要做一份不是给老板看的人生总结和未来

02 梦想的生活方式和你的财富魔方

发展企划书。

在进入你的 30' 时期的时候，一个认真的、明确的职业和人生规划，是你今后成功的关键。在总结之后，更重要的步骤是你需要放眼未来的几年，把重点放在稳定的职业发展和稳健的收入增长上来。因为你已经或者即将全面拥有的家庭、孩子、房子、车子、个人提升、全家旅游和种种的人生大事件都将接踵而来，你激情快意的幸福人生必须建立在一个稳固的物质基础上，而你此时的职业和收入是这一切的保障。

在这一时期的规划中，你可以加进去一些尝试和梦想。放飞理想是一个浪漫又实在的事情，而且只有在年轻的时候可以尝试。许多过来人的经验证明，年轻时没有去做的事，正是年老时懊悔的事；相反，年轻时候做错的事却没有什么大不了的，因为年轻就是一个"试错"的过程。这个世界上没有不犯错误的年轻人，但是成熟的中年人和老年人犯错误就不再会被原谅。在人生的短短百年中，有些事情像单行线，过了这个村就没有这个店了。"少壮不努力，老大徒伤悲"，错过了最佳的发展时机，一些事情可能就永远不可逆转了。这其中就包括了尝试错误本身。所以，"试错"这样的事情发生得越早越好。

你需要在尝试中发掘自身，在不断接触和反复实践中找到那个能够让你爆发的兴趣点，你需要在多次探索和磨合之后找到最适合自己的发展定位。所以，再次反思"做什么"、"怎么做"、"能不能"、"怎样能"这些看似以前已经倒腾过的东西是完全必要的，因为经过十年发展，你已非你——人不能两次进入同一条河中，而第二次做同样的事情，不再是简单重复而是一种慎重选择。你择优汰劣，用你的人生经验和智慧发掘和丰富你的未来；你选择用不断尝试的方式，用实践来检测对错；成功的过程从某种程度上说，恰恰是排除谬误坚持正确的过程。可

十倍薪与百倍薪的快意人生

以肯定地说，经过扬弃，你给自己留下来的都是比较适合你自己的。所以，30岁时再一次确认目标和实现途径，是你成功人生的必要步骤。

请不要忘记我们前面说过的话：想什么你就会去做什么，做什么你才能够得到什么。你现在决定列入今后实现目标的，正是你预订下的你自己的未来。

第二，确立稳定收入，实现多重收入。

可以肯定的是，大多数30岁出头的年轻人的收入来源是他们的工资，少数人涉足商业经营，拥有自己的独立或者合伙企业而有投资或者分红，另有一些人会担任兼职以赚取一些外快。对于普通的已经工作和储蓄十年左右的年轻人来说，即便是单纯的工资收入，如果已经养成储蓄习惯，则至少已经拥有了十倍的相当于起步工资的资金积累。对大多数人来说，工作收入既是第一收入，也可能是唯一的收入。尚浅的资历和经验是他们没有拥有多重收入的原因。但是，他们其中的佼佼者有可能已经开始建立自己的第二收入来源或者尝试多种投资了。

通常，在30多岁人们主动尝试的一些工作以外的活动，正是未来他们有可能投入更多精力或者转换职业跑道的领域。恰恰是这些探索和尝试，让人们可以找到适合自己发展的更有利的方向和更丰沛的收入渠道。如果只有一份工作，那么升职、开拓职场版图、增加收入就成为人生必由之路。事实上，许多头脑灵活的人往往在他们30多岁的时候，已经找到了第二、第三甚至更多的增加收入的渠道。经过几年的成功尝试，一些财源逐渐被固定下来，成功地并入财富蓄水池中常流不断的"水龙头"。许多人在35岁以前，已经尝试过股票、基金、信托产品、保险和房产投资等活动，他们中的一些人甚至早在20多岁就已经赚到了自己的第一个100万，更多的人在30'时期的中早阶段也拥有了自己人生的第一个100万。

02 梦想的生活方式和你的财富魔方

基本上，在35岁以后，每个人都已经很明了这辈子自己要靠什么吃饭了，有什么优势、有什么不足，还需要提高、加强什么，最好能够得到什么样的支持和扶助。人们大致清楚自己在人生格局中的相对位置，也能够明确自己的人生方向了。

第三，涉足房产。

非常重要的是，如果你不是月光族，我们前已有述，养成正确的财富习惯的年轻人经过将近十年的储蓄，基本上已经拥有了一笔不算太少的相当于十倍起步薪水的自有资金。更难能可贵的是，这笔小小的财富不仅给你的财富征程插上翅膀，也使你积累了比获得这些财富更为宝贵的经验和信心。如果你在20'时期就已经有意识地进行了财富观察、试验和积累的初步尝试，那么，正是此时，你有了一个展翅高飞的时机——在不大不小的30'时期，你也许刚刚成家，也许正在考虑进入婚姻殿堂，不管你是暂居父母的屋檐之下，还是已经拥有一方属于自己的小天地，总之，这个时候是你涉足地产的最佳时机。你既可以借居在父母提供的免费房间里投资自己的未来住所，也可以干脆开始自己的房产投资和出租事业，更可以自给自足地买一个产业给初步独立的自己。无论是怎样的一种投资尝试，在30出头的年龄开始涉足并积累房地产投资经验，你将永不后悔这个造福你人生和财富历程的选择。

对于人生的第二个十年，你是在刚刚起飞还是已经初尝了成功的滋味，这完全要看你在20'时期做了什么和做得怎样。在人生奋斗的过程中，十年足以拉开与同伴之间的距离。具体地，单从30多岁时"蓄水池"的结果就足以证明这一切：那些先知先觉早行一步的人在他们30岁以后就陆续开始收获回报、品尝成功了，包括在职场上，少数的年轻人已经进入管理层，不仅得到重用而且得到加薪。如果已经征战商场，从 20 多岁起步，成功撑下来 5～8 年的商业运营，他们也基本上挺过了生存期的种种考验，不仅积累了经营经验而且积累下经商的资本——在 35 岁前成功赚取人生的第一桶金。更杰出者，少数出类拔萃的年轻人一举成名，像 Facebook 团队的几名骨干，均是平步晋级到亿万富豪的大鳄级别。"一切皆有可能"，如果你相信这句话，你就知道这个世界的无边广阔和无限可能。

对于普通的、最低起点的财富积累历程，我的建议就是在 30 岁前后学习和涉足房产领域，无论是职业的还是副业的都是必要的和可行的。因为只有你关注房产，才可能接触到融资贷款、地段选择、环境甄别、投资回报和政策考量、国际经济影响等一系列相关问题。只有你深入其中，这些相关的问题才能够对你产生联动效应，你才可以在思维、决断、眼光、远见、勇气、执行、审美、人际、管理等最为综合的方面磨炼你的判断力和检验你的实现力。无论模拟操作多么能够提高你的认知能力，都比不上实战带给你的真实考验和锻炼。有谁见过理论知识成绩优秀，但是不下场练技术的人最后能够驾驶汽车呢？知易，行更难，不呛水永远学不会游泳。涉足是另一种更复杂深刻的学习。

第四，拥有一个企业。

30 多岁是人施展抱负的年代。尤其是处于现代政治稳定、经济腾飞的时期，几乎每一个人都曾经怀揣过创业的梦想。如果你真的仔细考虑过这些事，那么，可以肯定你是对的，因为大家心里清楚，一辈子忠诚于一家公司的"铁饭碗"时代在全球范围内已经绝迹，终身雇佣已经被合约工取代。即便你可以一辈子不换工作，你心里也很明白，一份八小时工作换取的那份报酬是不能满足现代人多方位的需要的，仅仅依靠工资收入是不能致富的。令人沮丧的是，现在更多人还意

02 梦想的生活方式和你的财富魔方

识到，仅仅依靠努力工作也是不能致富的。所谓职业，那只是个饭碗；所谓工资，那只是一份有限的保障。只有拥有或者参与持续不断的经营并创造利润，才是人生源源不断的收入源泉。

如果你决计要放飞理想，那就不妨让自己飞得更高一些。在你的30'时期，留心关注，走近观察，拥抱加入，最终拥有一个属于自己的公司和企业是一件非常美妙的事情。作为开拓性尝试和对自身潜力的挖掘，创业是人生中非常有意义的机会，试一试自己究竟能吃几碗干饭，看一看自己到底是领薪水的人还是发薪水的人，这是对自我的一次重大考验和挑战。创业，自己做老板，这几乎是每个打过工的人心中都曾经闪过的想法，只是很少有人具备条件、自信满满地跳出来实现它。这个很多人都许过愿的有关人生、梦想、事业和财富的美梦，在你20多岁的时候如果没有来得及尝试，那么在30多岁的时候，当你具备了知识和资本之后，无论是你事业顺利、承当着业务骨干，抑或者有了触顶"天花板"的职业疲倦的时候，它都是你展翅翱翔的最佳时机。简言之，当你翅膀硬了具备了单飞的能力以后，创业和成为企业主人的想法就是必然的和自然的了。

一般地，30岁以后创业比一出校门就创业的20多岁新人的成功率高许多，这有赖于思想的成熟度、社会经验以及专业才干对于创业的贡献。另外，30多岁人的资金筹措能力和人脉关系也使他们在创业中更具优势。个别20多岁试水商海的年轻人，如果本身并没有太长时间的打工经历，通常是得益于家族企业的熏陶，或者是天生就有生意头脑和商业天才。同时，出身贫困、没有升学机会、必须自谋出路的"穷人的孩子早当家"这种类型的商业人才也很常见。这些活生生的例子说明，经商需要的是勤奋、热忱、勇气、远见和灵活的头脑，商业成绩并不与任何学历和专业挂钩。事实证明，现代教育多传授基础知识，关于创新型的商业模式和影响世界的发明、改变人类行为方式的新事物，恰恰不是现代教育可以批量发展、定制培养出来的，盖茨、乔布斯和扎克伯格等创造型人才都不是现代教育的结果。

如果你天生是一个安分守己、满足于现状的人，那么一份安稳的工作应该是不错的选择。普通职员也有灿烂丰硕的人生，并不是所有的人都愿意选择做老板。那些喜欢做研究、教书、从事行政管理和财会金融等职业的人，通常在一段稳定的、长期的辛勤工作之后，依然可以凭借自己的专业能力拿到很高的薪水和获得良好的待遇。如果没有过度消费，高薪专业人士恰恰是最先拥有富足人生的精英一族。区别在于，那些最终拥有企业的人可能走得更快、更远、更自由、更开放一些。一旦你尝试拥有自己的企业或者参与合伙经营，那就意味着你成功地为自己趟出了一条新路，这条路将引导你走向更宽广的事业和收获更大的财富。因为你比职员多了一份自由和自主，以及由人生成就作为无限激励的创意。

30多岁的成功尝试，正是40多岁腾飞的先决条件。从观察和学习别人的成功开始，摸索属于自己的那条独特的成功之路。如果你稳定发展并小有成就的话，在下一个阶段厚积薄发甚至出现井喷式的增长，都可能是你这一生出类拔萃的印证说明。

（三）第三个十年：增值与收获，奠定财富基础

40岁是人生的第二个创富阶段。据统计，35岁至49岁之间亿万富豪的人数是各个年龄段中最多的。30岁以后发家致富者所拥有的财富数值通常为千万级别，八位数身家的富裕人士在30'人群中特别多；而40岁以后财富人群所拥有的财富数值通常高出30'人群数倍。也就是说，40'人群的富豪人数更多、拥

02 梦想的生活方式和你的财富魔方

有的财富值更高。这个结论既符合财富的时间积累价值，也从一个侧面说明，相对于30'人群来说，40'人群已经度过了一生中消费最大最频繁的特定时期。他们位重薪高，投资得手，开销稳定，子女不太年幼，父母尚未衰老。这是人生中成果丰硕的秋天，是生命中收获丰盛的好季节。

40岁后人生的重中之重是平稳过渡、增值收割、巩固提高和编织安全网。但40后也并非一色硕果累累的秋天，它也潜伏着人生危机。

理想中的人生应该平等且美好。但经过20年的奋斗，人生的龟兔之赛已经拉开距离。那些快手快脚头脑灵光的家伙看起来已经要稳稳地抵达幸福彼岸，而那些运气不好能力有限的人在20年的长跑中已经明显落在后头。无情的分水岭横亘在当年同一批出社会的人之间：有人管人，有人被管；富者豪宅名车，更多人的生活只能相比于自己的从前感觉略好而已。这个时期的同学会是最有甄别意义的：当年那个坐在你后面一排的坏家伙现在成了老成持重的公司总裁；那个印象中成绩不比你好的张姓同学现在是一个企业的高管；让你吃惊的是老好人班长现在还是那么喜欢为别人服务——他给当年同年级另一个班的一个家伙当司机兼私人助理！

命运的落差和攀比是不可避免的，结果迥异的现实也让人大跌眼镜。不可避免地，40后的人群被"选边站"了，那个最常用的标签叫"成功"。无论你自身愿意或者不愿意，这种比较在所难免，无论你接受不接受，比较的结果都有些不太好接受。人们终不可避免地被划归为风光的成功者和碌碌无为的芸芸众生。在40多岁后，人生跑完了上半场，成绩也就是你今天的生存状态，财富之秋也是多事之秋。

通常，在40岁以后你拥有宝贵收获的十年里，需要格外留意这些问题：

037

第一，财富收割和快速增值。

40岁以后你站在人生承上启下的位置，进入人生最丰盛的收获期。经过20年的奋斗，这个时候该有的你应当都有了。如果在40岁后你的事业发展和财富积累都还存在问题，那意味着你这20年这样那样的不顺利和挫折导致你没有实现该实现的部分目标。虽然你可以在以后的若干年里继续努力东山再起，显然，机会和可能性也减少了许多。如果在以后的20年里没有大的机遇让你咸鱼翻身，一个安适的晚年或许就没有多少把握了。

按照正常发展，如果你在20岁以后养成好的财富习惯并勇于学习、吸收，在30岁大胆实践并成功寻到适合自己的财富创造和积累的方法，那么，人在40岁以后的路子从道理上说其实很简单，发扬光大、巩固提高就是其精髓。但是，越简单的东西越难以维系。事实上在40岁以后由于前有经验、后有想法，在新与旧之间的对抗摇摆以及作为家庭承上启下的"夹心族"，由于生活的惯性造成的厌倦、疲劳，以及上台阶所面临的压力、困惑，再加上一些时局影响、前程的不确定性，中年人在滚滚社会洪流中不进则退的态势下，能够保持持续性进取和发展的，已属不易。很多人在40多岁的时候就疲倦了，不想那么努力进取，不想像年轻人那样付出和奔跑了，于是被后来者逐步替代、淘汰也是人生的一种必然。

因此，在这一时期里的财富重点与生理和事业发展曲线一样，固守相当重要，并且要尽早战胜中年时期新旧交替阶段的心理动荡，争取有一个平稳的过渡并能达致稳步上升。当然，如果能够借助于二三十岁时的锐气和已经打下的坚实财富基础并在此基础上寻求突破，那么，人生中第二个最重要的造富阶段所产生的能量，将是人生几个阶段中最具爆发性的：从普通走向优异，从优异走向卓

02 梦想的生活方式和你的财富魔方

越、卓然超群、傲视群雄、达致超然境界的成功建树多在此阶段。

在统计中，很多企业主从运营一间小公司到拥有品牌、经营连锁企业，再到挂牌上市，突破性飞跃的阶段都落在他们人生中最辉煌的40'时期。这是人生中最为重要的阶段，也是人生的中流砥柱。当然，就像很多人一辈子没有达到过"优秀"和"卓越"一样，大多数公司也未必会有上市发行股票这一殊荣。但是，成功有效的商业拓展，品牌和连锁经营，企业并购、国际战略，股票发行，如果这些大思维大策略最终都没有进入一个人的视野和生活的话，那么他将很难理解什么是财富的裂变式增长。

快速增长财富和收获财富，是这一时期成熟的思想、成熟的模式、成熟的变革和成熟的腾跃对于中年人的最高奖赏。当然，对于更多的中年人来说，如果生命中没有如此重大的机遇上台阶的话，那么，持续地延续上一阶段的成功财富方法并且努力拓展新的、稳定的财源，是这个时期的最佳选择。

第二，资产配置。

40岁后的人通常会积累起一定的人生财富，包括有形的房屋、投资和存款以及无形的经验、技术和才干。他们通常也会有家庭以享天伦之乐。对于辛苦努力20多年打下的这片江山，除了继续采取跟进策略使财富进一步增值之外，他们最看重的是如何才能持续地保有这来之不易的胜利成果。

越来越多地涉足投资项目势必带来越来越大的风险。对于上有老下有小的中年人来说，家庭财富对于全家人的生活保障至关重要。创造和积累财富只是建造幸福的一个步骤，如何做到保值、增值是维护财富的一个要求，留住财富、维系生存、有效抵御各种可能来袭的风险以保全财富、保障幸福，一个积极的防御策略是进行资产配置。

简单地讲，资产配置就是为了抵御风险，防止过分集中地处置财富——"不把鸡蛋放进同一个篮子里"，以各种合理比例的资产配置来保全财产和保障资产在特殊情况下不受另一种大的危机的侵蚀。所以，通常40以后的家庭资产配置需要及时调整，现金、股票、不动产、保险等等，每隔一段时间进行一次评估，目的是分散风险，既要保证相对高的投资回报，又要保证越来越频繁的经济波动和大的危机发生的时候，各类资产相对独立，不会受到严重的影响并遭受致命性损失。

第三，布下一张安全网。

40后的人生有人说像"夹心饼干"和"汉堡一族"，上有老下有小的生活中，很多人是家庭中最重要的经济支柱。天有不测风云，人有旦夕祸福，居安思危提前防范是以不变应万变的一个良策。

所谓的"安全网"是指针对各种可能发生的事件的预备对策。现代生活节奏紧张，工作压力大，疾病、失业和意外都是足以影响家庭生活和幸福的大问题。逐渐上升的医药费让中产阶级因病致贫，动辄六七位数的大病治疗和重症维护即便是富裕家庭也难以接受。因此，住院保险、重病保险是必需的。人寿保险是家庭顶梁柱所必备的，家庭的主要经济支柱万一发生意外，对于这个家庭来说可能是毁灭性的打击。人寿保险是未成年子女和无人奉养的老人最后一项经济安慰。除此之外，家庭成员们依据年龄、需求的不同，也应该准备相应的保单。40后的生活中，创建财富和维系财富是同等重要的规划内容。

第四，中年震荡。

正常的话，人在40岁以后不仅积累了该积累的财富，建立家庭、抚养子女，也体验了人生中的许多重大事件，经历了职场和社会中的数次变革，可以说喜怒

02 梦想的生活方式和你的财富魔方

哀乐、悲欢离合都经历或者目睹了。

人生无坦途。你注定不可能一直生活在快乐、满足、欣喜、愉悦这些正向的情形中。人生像波浪,有高潮也有低谷。40后的人生,伴随着这一生中最大的收获期的到来,人的体力和精力也走过了此生的顶点,像抛物线一样开始了下滑的旅程。这里,伴随着大多数中年人的生理和心理特点,许多人都会经历或多或少或强或弱的"中年震荡"。

"中年震荡"是一种身心矛盾和困惑状态。在经历了20多年社会和家庭生活之后,许多人会产生一种难以名状的疲惫感和困惑感。经验、技能、资历,荣誉、地位、财富,在成功打拼和拥有之后,人们依然会产生失落和无意义感。这些也许是源于工作上的难以突破,也许是源于家庭矛盾,也许是因为孩子的叛逆,也许是由健康和体力的下降所引发,种种原因造成中年人心理疲惫和身心失衡,不该产生的抑郁、挥不去的压力、莫名的烦躁、无法摆脱的空虚等症状以不同方式表现在不同症候的中年人群中。

这个时候你会体会一种掺杂在一起的复杂滋味,没有得到的有没有得到的痛苦,什么都拥有的也会产生拥有之后的失落;不成功的有不成功的烦恼,成功的有成功的忧虑。"四十不惑"实际上是人生最困惑的一个时期。之所以在明显优势的年龄段出现情绪上的逆反,应当说这是人类成长到一定阶段后心智成熟的表现。在经历过长时期的打拼,尤其是衣食无虞、事业稳定,争得"半壁江山"之后,人们会在这个暂时稳固的时期大量地、认真地反思人生的价值并寻求自己的答案和途径。因为困惑所以求索,在思想的左右摇摆之中一些人会产生比较大的改变。

经过这个过程之后,一些人想清楚了,一些人重新审视了自我,一些人彻底改变了，还有一些人得到或者失去了前行的动力。中年震荡是人生中另一次撞击和选择的过程，是又一个改变和转化的契机，也是造成更大差别的人生另一个暗伏的坎，是推动力抑或是破坏力。总之，经历了这次长达数年的思考和混乱之后，人们常常表现出对人生更大的调和、反叛、挑战和臣服，之后的奋进和固守就成为更大的分水岭的基础——差异将在60岁的时候更加凸显出来。

年富力强的中年时期是人生最美好的阶段之一，但同时也是人生最矛盾的阶段。无关乎人的发展好坏，许多人到中年的时候都会产生中年危机。更加糟糕的是，在人生将近一半的这个阶段，在45岁后男女共有的更年期的影响下，中年危机或前或后或多或少地影响了很多人的事业发展、家庭安宁及财富积累。如果没有妥善处理这个身心疲惫、矛盾频发的阶段，它对职业、事业、家庭、财富和幸福所造成的影响，将是无法计量和逆转的。

比如，进取心的消失，创新能力的枯竭，冒进与太过保守，家庭破裂、离婚与财产分割等等，有许多新出现的问题导致原本平和幸福的发展中途突变，造成人生显然的和潜在的风险，并且蚕食或鲸吞着你现有的财富以及未来原本可能的财富积累。另一些不期事件也常常突然降临，比如失业、换工作、遭遇健康问题、意外伤残、死亡、子女问题、父母生病、财务问题和遭遇破产等等。职业厌倦和"玻璃天花板"常在中年的时候因各种因素而加剧。有时候好事突然就成了坏事，坏事又防不胜防。之所以中年被称作人生的多事之秋，由此可见一斑。

这一阶段的后期，也常常是职场人士自主创业、转换跑道的时期。对于普通工薪族来说，40多岁的人该提拔的都已提拔，该加薪的也已经加薪，他们的职业发展除了因循以往没有太多其他的可能，倒是有可能在任何不利的环境中最先被裁退。因此40后的人由于各种原因转换跑道寻求新发展的人数大增，许多人此时往往可以轻松地变成自由职业者或者开始自己的生意。虽然没有20多岁的冲劲，但是，以人生经验、人际圈子和资本积累来说，40多岁的人往往有优势、更沉稳，也更易获得生意的成功。

由此我们说，中年人的心理调节和平衡，对于持续稳定发展和后续发展来说至关重要，心理失衡了，也就没有办法按部就班地创造财富缔造更大的成功了。突破守旧观念和动荡心理，及早梳理思路，学习新观念、新技术，积极调节身心，多做有益健康的运动，合理减压，妥善解决家庭问题和职业瓶颈，这些问题的妥善解决是你平稳过渡、实现新的飞跃的重要环节。突破、坚守、上台阶、寻找平衡，既是中年时期心理的也是积累财富的最佳策略。

（四）最后十年的突围：保有财富，准备越冬

对于绝大多数的人来说，50岁以后的十年往往成为职场上的最后一班岗。虽然越来越多的人自己创业，拥有自主的公司和生意，在退休这个有具体年龄标准的事情上有所突破，但是和众多的受薪人士相比毕竟还是少数。职场人士即便是在60多岁时身体和健康条件尚可，但可以做到到站后"退而不休"、"永不言退"的还是极少数。对于已经成功拥有自己企业多年的那部分人来说，能够将企业延续十年，企业已经变成了他们的事业；成功经营一二十年或者是家族流传下来的基业，当已融入血脉，成为生命中不可分割的一部分。一个人的事业演变成家族企业，虽然生意有大小，所创造的财富多少不可一概而论，但是通常他们的状况会比职场的人更宽松灵活，有多一些的选择自由，可以退下来享受生活，也可以活到老干到老继续创造。

但对于打工一族的普通职场人士来说，即便是受委任为公司最高的执行长，

十倍薪与百倍薪的快意人生

也还是有一个退休年龄之说的。铁打的营盘流水的兵，越正规的大公司越会有一个明确严细的管理条例，无论高薪还是低收入，总有那么一天，按月领取的工资将戛然而止，此后生活将根据之前30年对自己的公积金、养老金、社会保障金的贡献额度，而改领一份或多或少、足以让人吃饱但是不足以满足各项老年生活需求的退休金或者公积金、年金等名目的月钱，直到终老都不会有太大的改变。

按照当前对各国人口平均寿命的统计，令人欣慰的是人们的寿命都延长了。即便是男性，大多数非贫困国家的男性寿命也接近80岁，女性由于爱交流的天性，寿命又比男性多出七年。也就是说，随着医疗技术的发展和各个国家对人们照顾得愈加周全，人们的寿命有可能比预想的还要高出那么一截。目前，敏感的保险公司已经做出了调整，推出百年的寿险配套，甚至允许保到110岁。欣喜过后是压力，如果的确可以幸福地长命百岁的话，这个美丽的命题后面的保障，是工作年限的延长和养老费用的增长。

如果以60岁退休、平均寿命80岁来准备养老金的话，人们可以用40年的工作时间准备20年的退养生活；如果寿命延长十年，人们就必须用同样的工作时间多储备十年的退养费用。不算好消息的统计是，无论是新加坡还是美国，在退休前十年，也就是年近50岁的在职者，他们的退休金储备账户里只有40%多的比例达到了最低限度，这意味着一半以上的人还没有为退休做好准备。如果在长达30年的工作期间你都没有储蓄下来多少钱的话，那么在退休前的十年里要想完成漫长的30年或40年的生存所需要的庞大的老年生存基金的储备，其难度可想而知。

现在你也许有些明白了，对于进入50'时期的这个人群来说，如果在你退休前就可以确定你没有任何退休金以外的收入来源的话，那么，你必须在这个阶

02 梦想的生活方式和你的财富魔方

段结束之前准备好后半生的大部分费用，因为你退出职场之后就没有稳定的高收入了。因此，50'时期的财务策略是防守，保有、看好那些已经在你名下的一生的胜利成果，准备着陆，准备返航，准备过冬——当然，这样的保守策略一点也不妨害你退休一阵子之后继续寻找新财源。

就大多数50多岁的职场人士来说，如果从20多岁开始积累财富，按照正常的消费水平维持生活，那么，到了此期大部分人都已经拥有了自有住房和为数不少的存款，收入高境况好的人甚至还拥有了第二套、第三套房产作为投资，或者有一些有价证券。通常，50岁以后的人被提醒要更加妥善地防范风险，对于年轻时候的激进式投资开始减少比例，逐步增加保险和其他低风险投资。即使是投资自家生意，也会留足生活所需而不会把大部分资金孤注一掷。

50岁以后的人身体和精力更加明显地出现衰老和退化迹象，小毛病越来越多地演进成疾病，健康管理以及和上有老下有小的"夹心族"一样的压力管理更显重要，身心调节和运动保健必不可少。通常，50岁以后不管是职场人士还是自主经营企业者都会更加稳妥；在排除保守、固执、恐惧衰老、压力等负面因素之后，也有许多人会在这个宝贵的时期再创辉煌，争取到最后一筐阶段性的胜利果实，之后安全退休。

还有许多人则盼望着提前退休。这通常是那些在固定的工时上下班缺乏弹性和工作乐趣的职员，或者是工作辛苦、职场发展不顺的人。在职场辛苦打拼一辈子，该还的贷款还完了，子女养大成人经济独立了，人生的使命基本完成了，就腾出时间轻松一些或者做这辈子一直想做的事情，他们渴望悠闲地度过自己的晚年时光。如果这部分人对退休后的生活要求不是那么高的话，在他们评估了自己退休后的收入和生活水准之后，觉得退休后的漫长生活不成问题的话，会毅然地

> 十倍薪与百倍薪的快意人生

提前几年离开职场。

所以，财务、健康没有后顾之忧的人士，会比较轻松地看待人生职场这最后几年。而尚有负担的那部分50后，则不能那么轻松随意。由于家庭、健康和子女的种种原因造成财务方面的压力，他们仍然需要全心全意地打拼，需要这份薪水来完成最后的还贷、奉养和积累足够的金钱作为没有多少收入的退休之后的长期生活费用。他们中的一些甚至不能及时退休，需要在退休年龄过了以后还要多做几年以赚取足够的维持生存的费用。

近些年，越来越多的国家开始宣布推迟退休年龄。在超前消费观念和享乐价值观的影响下，也有越来越多的人临到退休的时候尚未准备好退休后的财务，他们微薄的积蓄不能够应付未来20～30年漫长的退养期，任何疾病和意外都会成为他们生活中重大的财务打击。同时，长达20～30年的生活费在越来越高的通胀压力下将变成一个大问题。如何提前并且有效地规划自己退休以后的生活，做到老有所养，是每个人必须提前考虑的。

所以，你一定要尽早考虑自己的退休生活，不要等到只剩下几年的光景才突然发觉退休金无着落。这也就是为什么我们说，任何一项足以改变或者维持你生活状态的事情的规划要提前十年准备的原因，因为没有长期的积累，你根本没有办法一下子解决今后二三十年的生活问题——除非中大奖。根据目前理财规划师的建议，人们最好在35岁的时候就开始进行退休规划，因为假如你用30年的时间让一笔投资款自己滚动的话，其效果大大优于你在50岁的时候用10～15年的滚动积累——因为复利的关系。

所以，当你迈入50后的门槛，就要调整自己的人生策略和规划，从激进退一步到稍微保守，继续收割你的财富，清点并清偿你的债务，进行保本投资，盘

02 梦想的生活方式和你的财富魔方

点评估你的养老基金是否足够，检视你的保险是否需要补充；同时，需要思考一旦自己结束日常工作，你需要用什么填补每天空出来的大量时间，你不但需要给自己准备好一个万全的财务方案，还要给自己准备一个快乐充实的精神方案，做到老有所养、老有所乐。有很多的退休者没有做好这些准备，在钱财充裕富足的情况下，没有一个健康饱满的精神寄托，很快陷入一个无所事事、天天都是星期天的莫大空虚之中，甚至为所欲为不计后果，造成钱财尽失，陷入老年困顿。因而你需要思考得多一些，提前布局，调整心态，周密规划，给自己一个身心安稳、财务充裕、健康健全的舒适人生。

请记住，现在你所选择的，就是将来你所要面对的，你的生活方式决定你的生存状态。

03

财富基础：尽早积累你的制胜资本

一、每个人都可以成为百万富翁

如果你已经接受过高等教育并努力工作，那么你这一生晋级百万富翁的行列问题不大。只要研究一下几个典型国家的工资体系和大众消费水准，再对照一下周围人们的生存状态，你就会同意这个观点。目前世界范围内，在多数国家的社会形态和经济模式下，人们赖以生存的社会体制虽然都非尽善尽美，但是，很多国家已经拥有了对大多数人来讲基本上有保障的生存和致富的成熟、富有成效的社会体系。只要沿着普通大众的模式走下去，不一定拥有特别的天资，只要有持久的努力、正常的生活和消费，那么，从总量上来说，一生中所创造的财富价值还是相当值得骄傲的，也就是说，你天生就可以是一个百万富翁。你相信吗？

我们以以下七个国家和地区做一个简单说明。无论你出生在新加坡、日本、中国香港或内地，还是生活在英国、美国、澳大利亚，按照大学毕业后 25 岁开始就业、平均工作30年来计算（宽泛统计），这七个地方的职场新人在初入社会的时候，其平均工资依照当地货币计算，不包括奖金和其他职务补贴性收入，按照服务30年工资涨幅是起步工资的1.5倍这样非常保守的增幅计算，这七个地方的大学生在其一生中所创造的收入是这样的：

国家/地区	大学毕业起薪（年）	假定30年未涨工资的总收入	假定30年工资增长1.5倍后的总收入
新加坡	3.6万	108万	162万
中国香港	31.8万	954万	1 431万
日本	239.5万	7 185.6万	1.08亿
中国内地	3.6万	108万	162万
英国	2.5万	75万	112.5万
美国	5.1万	153万	229.5万
澳大利亚	3万	90万	135万

资料来源：网络新闻报道，资料统计为2011年底或2012年各国和地区的数据，各国收入为当地货币。

  这只是一个排除一切复杂因素简单粗略的统计，甚至没有扣除生活费。这个简单的统计说明，在现代社会每个受过良好教育的工薪人士，除去各种额外的收入来源，从理论上说，如果不间断工作30年的话，无论生活在哪里，在现代企业制度下的薪金结构足以让每个人在他的职业生涯里成为百万以上的受薪者。事实上，即便是扣除了必要的生活费和其他费用，目前的工资体系大致上也可以让一个一生兢兢业业工作的人赚进100万~300万的收入。因为把每年的3%~5%的加薪幅度和升职、津贴、奖金等等算进去的话，一个人30年后的工资增长绝不止1.5倍。所以，即便你是一个普通工作者，也是有可能在有生之年成为百万富翁的。

十倍薪与百倍薪的快意人生

问题就来了：虽然大家都有成为百万富翁的可能，一样辛苦工作和打拼，收入也说得过去，但是在支付了必需的各种费用和开销之后，有可能还是剩不下多少钱。否则的话，为什么还有许多人仍然不能老有所养？为什么还有那么多人仍然不能过上富足生活？原因何在？

这是个非常有意思的现象：即便同工同酬也不可能同富。从现代职场人士的工作能力和工资收入来说，合格的雇员均有潜质成为百万富翁，这一点确定无疑，一些人甚至还远超过这样的收入水准；在另一方面，所有领取工资的人都需要生活和养家，所赚取的收入并不是存放在银行固定不动的，维持生存需要每时每刻都在花费这些钱。差异就在这里产生了：由于每个人在不同的生活方式的统领下消费方式不同，同样赚取等额薪酬的人，在年复一年、旷日持久的日常生活消费支出的不同水准下，一些人留在口袋中的钱多一些，而另一些人能够留下来的钱不是那么多。消费行为的差异导致虽同工同酬但不可能同富。这也是能否成为百万富翁的一个分界点。

人今生赚的钱是不是足以满足人生所求？谁可以成为百万富翁？这是个难以回答的问题。它不是难在计算房子的贷款、日常消费、娱乐和能否安享晚年的具体数字上，它难在人与人之间不同的价值观和消费形态所造成的巨大差异上。一个人一辈子挣 500 万花 300 万，人们会说他富有；另一个人挣 1 000 万花 2 000 万，结果是负债或破产。人生一世草木一秋，每个人最终是否富裕，其实看的是由他个人价值观所决定的选择，他选择怎样度过一生，就会有怎样的一个人生。

财务的基础建立在收支两个方面，如果按照收支两条线的例行分析来看人们日常生活中支出的几个经常性必要项目，你就会明白普通消费和高消费两种消费方式是如何分流人们的财富的：

03 财富基础：尽早积累你的制胜资本

- 日常饮食：高低消费有差距，但不巨大，1~20倍。
- 水电燃气：高低消费无差距，1~5倍。
- 服装和购物：高低消费有差距，十分巨大，1~1 000倍。
- 住房消费：高低消费有差距，1~100倍。
- 子女教育：高低消费有差距，1~20倍。
- 交际和娱乐：高低消费有差距，1~20倍。
- 旅游：高低消费有差距，十分巨大，1~100倍。
- 医疗保健：高低消费有差距，比较大，无法估量。
- 汽车消费：高低消费有差距，十分巨大，3~20倍。

假设和你同等收入的工作伙伴，他在住房、汽车、子女教育、旅游和购物方面都追求个性化、高品位和高消费，而你一贯坚持普通大众消费的话，虽然你们同工同酬，但两种不同的生活方式延续20年之后，他的消费额可能是你的2~5倍。相比来说，你省下了相应额度的财富；如果他并没有在投资和获益方面大大超过你，那么你一定在财富积累方面大大超过了他。

由此可见，赚钱一样多的人由于有了不一样的消费，即使在同一起跑线在日积月累的长时间作用下，被分裂成两个不一样的阵营：一个可以留住财富，一个在拥抱财富的同时就已经把它转换成即时的享受了。这里就出现了一个吊诡的结论：人人都可能是百万富翁；但是无论你曾经有多少钱，千金散去还是一个穷光蛋——有很多人注定成不了百万富翁。

请注意，关于一辈子所能赚取的薪金只是一个粗略的估算。真正涉及财富人生的实质问题是：除去生活费用之外，人们通常还能剩下多少钱？而这个问题的答案与每个人不同的生活方式相关，同样的钱财数目不同消费方式的人会有不同的感觉。归根结底，每个人的价值观不同，财商不同，理财方式也不同，造成同等收入的人在同样的时间段上有不同的财富价值积累。所以，财富不等同的现象是永远的，即便是同样的造富能力最终也会有不同的财富结果，换句话来说，留住财富的能力不等同于创造财富的能力。留住财富的能力最终决定了你在社会中的财富等级。

二、多富才算富

如果在现代社会拥有百万资产已经不算富裕的话，那么你就会明白为什么现代人喊着"追求卓越"的口号。也就是说，在香港、新加坡、伦敦、纽约、首尔、上海、北京、东京这样的大都市，一套房产的价格动不动就是几百万甚至上千万，一生的收入如果只有100万，这仅仅意味着维持一种较低的生存标准。所以，世界范围沿用的富裕人士的财富标准是：除拥有一套自住房产之外，还须拥有100万美金的金融资产，达到这样标准的人可归为高净值富裕人士。这也是目前许多国际私人银行通用的筛选客户的现行标准。更高的标准是一些银行为高端客户设立的300万或500万美金的开户标准，而更加小众的超高端的高净值客户则必须有2 500万美金才有资格成为私人银行的会员。

这些标准仅仅适用于国际大都市。对于不同生活水准的国家和地区来说，判定富裕的标准也会根据当地情况另行推定。比如，在币值较低的马来西亚和中国内地，拥有一套自住房产和100万当地货币，就足以过上不错的生活；而在货币与美元挂钩的香港，100万港币虽然也不是个小数目，却不足以保障在香港的基本生活。虽然究竟拥有多少钱才算富裕这个问题永远不会有标准答案，但是综合比较各个国家城市居民的工资、消费情况，再加上各地人们的共同追求之后，我们还是有一个相对的认同：具有一定生活品质水准的优越人生，以目前通行的消费水准，还是需要三个100万（美金）：大致上，人们需要100万用于住房，100万用于维持生活，另外100万用于退休后30年的养老。富裕舒适的人生大概需要300万做支撑。

300万，是个不大不小的数字。说它不大，是因为基本上一个受过良好教育、兢兢业业工作30年的人，通常的薪金总收入在200万～400万之间；说它不小，是因为很多人首先在职场上没有达到平均水准之上，在其他投资和创富方面也无作为。这300万就像挂在枝头的红苹果，你需要努力跳几次或者借助梯子才可以得到，但绝不是挂在天上的月亮无论如何都摘不到的。富足的生活不是天上掉下来的，它考验你的致富能力；但是如果你挖掘潜力，你能够创造的价值就远远不止这些。

三、奠定你的财富基础

（一）财富从娃娃抓起

能够遗传的不只是基因、血型和容貌，还有生活习惯和传统观念。东方人节俭会储蓄，西方人爱花未来钱，这两种差别由来已久。不同人种的文化和生活习惯会很自然地传递和影响到下一代。但是，人类的认识是不断发展和调整的，自从2008年金融危机之后，即便是超前消费的西方人，现在也已经开始注重储蓄。

在东方，节俭自始至终被视为一种美德。华人的节俭意识和理财技能，不仅仅在家庭观念上代代相传，也在华人社会中有着不同的反映，成为一种源远流长的共有的价值观。例如，新加坡的华人家庭通常在过年的时候给孩子"压岁红包"，新加坡的银行就设计出这样的促销，让年龄够五岁的孩子能够在家长的联名下开设儿童储蓄账户，让小孩可以拥有自己的提款卡，从小灌输储蓄意识和财务管理能力。新加坡的孩子早在出生的时候（0岁）就拥有了一个政府给予的"婴儿花红"，政府会资助和补贴一部分托儿和教育费用。家长们通常用这笔钱给孩子买一份保险，等到孩子18岁的时候，一笔数目不小的高等教育基金也就有了。

相对于这种东方家长们从孩子0岁开始的财富积累，西方的家长们也花尽心思培养孩子的财富意识。我们众所周知的西方孩子做家务换零用钱就是典型的例子。洗碗、剪草、扫雪、遛狗这些小事既可锻炼孩子的独立能力，又让他们知道任何事物都必须付出相应的辛苦和代价才能获得。虽然"以家务换零用钱"的乐趣和象征意义大过独立赚钱，但是，世界首富之一82岁的巴菲特不就是从五岁就开始做报童吗？巴菲特从少年时候起不但养成了储蓄的习惯，并且还成功地尝试了投资理发店里的糖果机和股票。早早觉醒的金钱意识不能不说是巴菲特独特的财富基因之一。

如果家长们把未成年的小孩子仅仅当成小孩子养，那么，他们就会永远都是"小孩子"；另一方面，如果家长将孩子自小看作是懂事的朋友，凡事深入浅出地言传身教、以身作则，那么，一些小孩自小就会表现出早慧的特质。一位母亲发现，她五岁的儿子居然懂得"妈妈的钱"和"自己的钱"的差别。在妈妈为他购买游乐车代币的时候，他会要求多坐几次，而当妈妈订下了每天五块钱零用钱的规矩之后，他每天只坐一次游乐车，将其余的钱买一些糖果后，还留一些放进存钱罐里。所以，正确地开发、引导和教育孩子树立正确的、健康的金钱观，成长

03 财富基础：尽早积累你的制胜资本

中的孩子确实受益匪浅。

养成良好消费习惯的孩童在成年之后，往往也更懂得正确和精到地使用金钱。比起入不敷出的孩子来，一个具备金钱智慧，即所谓"财商"的孩子又何尝不是家长们的一大安慰呢？关键在于，往往是因为家长没有良好的财富习惯，没有能力给予孩子正确的引导；反过来说，孩子大手大脚、挥霍无度的背后，往往有一个宠溺他们的、财商不高的、消费习惯不好的家长。从孩童时期教授一些储蓄和管理钱财的好习惯，授之以"渔"，你将得到无尽的欣慰和回报。

（二）从第一份薪水开始储蓄

如果说在孩童时期家长教会他们不乱花钱的话，那么他们从成年以后的第一份薪水开始，就会每月定期定额地拿出一部分留作储蓄。目前几乎所有的银行都有鼓励工资储蓄的定时定额储蓄专用账户，你只需要在第一次开立账户的时候签订划款日期和数额，以后在发薪水之后的限定日期里储蓄部分将自动转入定期账户。作为一种小小的鼓励，这种账户的利息稍微高那么一点点，而作为提醒式的惩罚，如果动用了这个账户里的款项，你将损失当月的利息。

一般地，理财顾问建议年轻人储蓄的额度是薪水的10%左右，那些资历、薪水等级高的人有时可以储蓄高达薪水的50%。养成储蓄的好处不言而喻，积谷防饥、未雨绸缪是一种目的，养成正向现金流的好处更是可以使你受益终身。无论如何，表面潇洒的"月光族"都是短视的也是不负责任的，它会导致你在关键的时候后备无援。更不可取的是"超前消费"，除了房屋贷款、教育贷款等少数确因数额巨大需要负债消费的项目之外，没有太多的事情必须让你背着利息负债消费的。沦为"卡奴"的多是一些不理智又不懂消费的人。学一点财务知识，做聪明的消费者，分清资产和负债，这些对健康美好的人生实在是太重要了。坏习惯和好习惯应该是泾渭分明的。杜绝月光和超前支出，是在为你自己负责任。

（三）复利

"钱滚钱，利生利"的规则和计算方式是因为有复利的存在。如果没有复利的存在，这个生钱滚利的过程就不会那么快了。复利是个神奇的概念，是个充满魔力的财富膨胀手段。如果有一笔钱并以足够长的一段时间让它繁殖的话，"滚"出来的数字可以大大超乎你的想象，可以大到无穷。所以，一定时期的钱滚钱、利生利，可以让你在某个阶段攒出一个像模像样、心生欣喜的数额来。在一段时间的节俭和储蓄之后，这笔钱会派上关键用场：结婚、买房，或者攻读学位、出国旅游等等。储蓄之后相对较大数目的收获，会让你有一种成就感和价值收获。正是这种初始积累，恰恰成为许多人日后扬帆启程的财富第一站，因为只有你手中有了资本，你才有资格去进行资本的再生产——投资。

（四）增益渠道

综上所述，当你从小就养成储蓄的好习惯，从第一份薪水开始定期定额储蓄，然后经过几年时间享受复利，一个时期之后，你的手中就会握有一笔不太小的原始资本。你数年的辛苦努力创造的这第一笔财富，既可以为你解燃眉之急，比如支付新房的头期，也可以变成你的一只"现金牛"——用这笔钱作为投资的资本金投进一个项目，让钱继续和加速地滚动起来，变成你的一个"钱生钱"的增益渠道。

通常在工作几年之后，当你手中有了一笔小小的储蓄，很多人最先尝试的基

03 财富基础：尽早积累你的制胜资本

础性大众投资渠道是购买股票、基金和信托产品。这几种大众理财方式比较简单和易于操作，流动性也非常好，如果遇到急需现钱的时候容易变现。股票容易买但是赚钱并不容易，"十个股民八个输，一个平一个赚"，真正能从股票市场盈利并且留住盈利的比例历来不高，但是它至少锻炼了你对于基础性投资产品的了解和操作，在这个过程中让你逐步积累金融和财务知识并学习应用，还会磨炼一下你的投资信心。这对于初涉投资领域的人是必要的也是有益的。

当资金积累逐渐增大的时候，尝试的增多和信心的增强会引导你步步追高，奔向更广阔的投资领域，以获得更大的投资收益。作为增益投资收入的另一个普遍性尝试是和你生活息息相关的房产投资。无论作为自住还是转手、出租，很多人在20'时期的后期就会有尝试的机会，至少成家时自己的住处是要列入规划日程的。什么时候买房？怎样买房？在结婚前这些问题就会不断地、越来越多地进入你的生活议题。选址、比较银行之间的贷款条件、衡量付款能力等，都很考验你的判断力、投资眼光以及激发你未来若干年的拼搏动力。到目前为止，房产投资、开办企业和股票投资依然是世界范围富人致富的三个法宝。在很多国家房产是人们财富与投资的重头戏，那是因为房子通常是生活的必需品和置办的最大物件。除了企业主、专业财会人士和做项目投资的人，普通百姓一生需要处理的最大的金钱交易可能就是房产交易了。

当一个普通的人有过购置房产的成功经验并且尝到过收获的甜头之后，他在投资方面会产生一个大的促动。那是因为处理过一次真正的房产交易，你就熟悉和掌握了许多相关的法律、金融、政府政策、管理条例、税务等方面的知识，而这种能力的积累为你进一步进行大项目的投资奠定了必备的基础。所以，有了基础投资者或者称为合格投资人所选定的投资渠道，接下来就可能会有质的飞跃。

下一步你可能会进军商业地产，你可能会去想了解和接触一下私募，你当然还可以跃跃欲试地探索投资工厂、仓储和农业，很多人的投资"野心"就是这样一步一步"练"大的。

综上所述，人的投资行为很像盘山道，九曲十八弯的盘旋过程是一种认识的不断肯定和再确认，是一种螺旋式的上升。当你从山底爬到山腰的时候，你就知道什么叫作视野开阔，这个时候你产生的想法是登上山顶一览众山小。这是一个逐步成熟和不断追求的过程，卓越也是慢慢磨砺和历练出来的。在这个过程中，"财富"其实是你卓越能力的一份伴生品、一个有价标签、一份人生努力的数码成绩单。所有财富的汇集都来源于你曾经尝试过的无数个大大小小的给你带来收益的投资渠道。

（五）滚雪球

了解和拓宽不同的投资渠道和获益方式，其实是在为你自己挖掘维系终生的"财富蓄水池"。这个过程会涉及到你人生的不同的年龄、不同的阶段和不同的视野、不同的经验、不同的能力以及不同的投资回报，当然也会有你对自己各个阶段成长过程的不同总结并辅之以不同的改进规划。如果你自年轻的时候就不断地、有意识地重复这些步骤，那么，我相信你已经相当优秀，并对自己今后的人生了如指掌，对自己、对人生都充满了信心。有时候成熟不可以仅仅以年龄来衡量区分，心理学有个概念叫"心理年龄"，有些人可能年龄很大但由于缺乏人生历练而心理幼稚，有些人价值观有失偏颇，另有些人可能年少老成或者鹤发童心。在财富积累这个方面，由于人们的心态、视野、勇气、胆略、远见和思维方式都不一样，所经历的、体验的和收获的也会很不一样，这也往往造成同一起跑

03 财富基础：尽早积累你的制胜资本

线上一同起步的人，在经历了若干年财富奔跑之后，拉开巨大的差距，就像小雪球和雪山一样悬殊，就像我们和李嘉诚、盖茨、巴菲特的差距。

但是无论如何，在你学习和了解了财富之道之后，"生死有命，富贵在天"这句父辈人挂在嘴边的混杂着无奈和自我安慰的口头禅，你就不会那么确定无疑地相信了。你知道，事实上就像男女的智商差别其实不大一样，聚集财富的能力也并不取决于文凭和智商，而是取决于实践和个人操控力。财富这东西不是那么神秘莫测的，经过历练之后你完全可以明了财富的方向和把握财富的渠道，就像越来越多的人参加飞行俱乐部练习和掌握飞机驾驶一样。你可以通过努力驾驭你的情绪、控制力和判断力，也可以磨炼你的胆量、勇气、冒险精神和风险驾驭能力，你可以逐步地提高自己的创富能力，愉快地拥抱财富并和财富一起和谐地翩翩起舞。

这方面你唯一需要做的就是坚持，坚持不断地实践、坚持不断地总结、坚持不断地跟随大势并坚持不断地创新，坚持开掘自身的潜力和持续地发掘财富，坚持严格地管理财富和用心地增长财富。你就像在北海道的大雪坡上玩雪的孩童一样，捧起一团雪攥成一个小雪球，然后投入地滚呀滚，滚呀滚，在一段时间之后，你将露出惊讶又开心的微笑——人生的财富积累其实跟这个孩童的游戏一模一样，你只需要做一件有益终生的事：让你的财富滚起来！

04

财富意识与财富习惯：
你是否背了只漏口袋

一、财富意识

对待金钱和财富历来有两种截然相反的态度：爱之深和恨之切。"有钱能使鬼推磨"是一种金钱万能的描述，而"金钱是万恶之源"又把所有的罪恶都罩在金钱头上。这两种说法都有失偏颇。在现代人的生活中，金钱这东西只是一种公认的社会符号，是人际交往中的一种衡量媒介。换言之，无论是纸币还是以前的金币、银元，它只是一种经济生活的度量衡。金钱是一种工具，就像杀伤力很强的武器一样，本身没有什么好与坏，好坏定性取决于如何使用它。

无论你对金钱爱也好，恨也罢，你可以拒绝使用纸币、硬币、信用卡，但是在目前的社会形态下，你还是无法摆脱金钱的存在而生存。作为一种交易媒介，金钱在社会中派生出了广泛的定义和规则，它充斥于社会的方方面面，于有形无形中渗透进生活的角角落落，暗含于人们的思维和行为之中。可以预见，在相当

04 财富意识与财富习惯：你是否背了只漏口袋

长的时期里，即使电子货币已经可以取代纸币和硬币，你还是无法摆脱左右你生活的一串串数字。我们依然还要生活在金钱编织的坐标空间里，暂时无法实现马克思的按需分配、人人平等的共产主义。

对于金钱伦理的认识，由于价值观的不同而划分出了不同人群。基本上在亚洲范围内，儒家学说影响下的金钱观更倾向于"君子爱财，取之有道"，讲究公平、信誉的交易和原则性取舍。这种精神在现代社会依然被崇尚，而且也符合现代社会的公平、公正的价值观念。

虽然社会大环境提倡的是公平和公正，但是个人所持有的金钱、财富观念仍然因人而异。近些年出现的"财商"一词，很好地表述了作为个体的人对于金钱和财富的情绪、智慧和取舍态度。智商的高低决定人的能力，财商的高低则进一步决定了人对金钱和财富的看法和行为。

在现代社会里人人都离不了钱，人人都要花钱，许多人还得努力工作赚钱，但是这并不意味着每天接触金钱、赚取工资、消费金钱的人都懂得财务管理知识，也不意味着"把钱投出去就是在做投资"，更不意味着天天跟钱打交道就明了金钱和财富的内涵。事实证明，人群中大量的人由于并不具备专业的财务知识，甚至连基础的财务知识也不懂。来自学校的浅显的书本知识的传授，并不能保证接受教育者能够在其一生无时无刻不在进行的消费行为中正确地使用他们辛苦赚来的金钱。

据统计，金钱所造成的矛盾是人们生活中的首要矛盾，人们生活中 80% 的矛盾都和金钱有关。我们对于使用金钱的知识的把握和传授远远不及对于科学技术的领悟、掌握和传授，这可能是金钱备受争议的性质让人们对它退避三舍吧。我们缺乏一种正确的金钱教育，现有的金钱知识不足以应对社会生活，并且远远

十倍薪与百倍薪的快意人生

不能战胜狂轰滥炸的广告对人们消费行为的误导及其产生的广泛深刻的影响。

所以，在你20岁开始认真思考和规划人生时，或者说从你开始独立使用金钱的那一天起，你最好学习了解一些关系到你未来贫富的关键的财务字眼：储蓄和投资、资产和负债、杠杆和利率、现金流、回报率等等，弄明白你的所思所想、所作所为都是导引你走向富有或是贫穷的抉择性动因。

比如有关对"资产"的认识，很多人以为花钱买到名下的都是"资产"。但是，非常重要的是，资产实际上是那种能够给你带来收入回报的那种东西，比如你的存款和你的出租房。并不是你花费了金钱所换得的可以保留下来的物质形式都是资产，有些看起来像资产的东西不一定就是资产，比如用贷款买下的豪华汽车和游艇，它们不仅仅没有给你带来收入，还在大量消耗你账户里的现金。维持一辆豪华车的费用除了支付贷款利息之外，还包括保险、汽油和维修费用。一条游艇的维持费用通常是它价格的10%，甚至更多；即使是只能够载15人的中小型游艇，一年的维持费用也都在六位数美金。所以，你要非常小心地辨明和筛选你购入的究竟是资产还是包装成资产的负债。无疑，出租房会使你的现金流越来越多，而游艇若非拿来出租，你的现金流则会越来越少。

在财富的起点上，辨识什么是真正的富人也是件非常重要的事情。长期以来，你在电影电视和时尚画报上所看到的所谓富人的形象和行为，有太多是一种"非真实的视觉形象"：所谓的富人们被描绘和包装成穿着阿玛尼、登喜路、范思哲、三宅一生高档服装，拎着LV、GUCCI包袋，喝着轩尼诗，坐着游艇，开着法拉利和兰博基尼，戴着陀飞轮名表，浑身珠光宝气的傲视群雄的家伙。他们气吞山河、挥金如土，大权在握又潇洒风流，英俊美貌并深具影响力，他们浑身上下散发着一种蛊惑性的魅力。

062

04 财富意识与财富习惯：你是否背了只漏口袋

事实上，如果不是出席正式场合，许多董事长、总经理看起来跟你的邻居一样。一个亿万富豪看起来更像是一个慈爱的老大爷，富婆们有许多都没有靓丽的容颜。虚张声势的"伪富人"败坏了富人的群体形象，那是因为作家和写手们大多不属于超级富裕阶层，他们并不了解事实上多数真正富裕的人都忌讳炫富。富人们讲究生活品质，喜欢低调生活，也喜欢享受奋斗来的胜利成果。不错，表面上看总是富人才能拥有名车、豪宅、私人游艇和飞机，但现实中的富人穿T恤衫、牛仔裤，开普通车的比比皆是。

所谓"时尚形象"的"富人"只是一种娱乐效果，看看乔布斯的黑色针织套头衫和牛仔裤，它们并不能显示这位苹果公司创始者的身价；巴菲特那件穿了20年的露着胳膊肘的羊毛衫和一直开着的永远最便宜的轿车也不能说明他的财富状态。用心去辨识真正富有的人群的行为特征，不要被"装富"、"炫富"的假象迷惑，对于认知财富、树立正确的财富观大有裨益。

二、财富漏斗

前已有述，一个十分让人愤愤不平难以接受的现象是，在财富的起跑线上同样条件起步的人，在十年以后逐渐地拉开了距离。在这场为期30年或更长的人生马拉松竞赛中，同样的年龄、学历、生活环境、成长背景和工作待遇，同时成长起来的这些人，在10~30年的时间里，为什么会有如此巨大的财富鸿沟？答案是不同人在不同生活方式下的观念和习惯，以及对待财富的不同态度和行为，这些让他们在生活中的表现千差万别。就财富的积累来说，十多年以后，对于那些岁月已逝、财富无痕的低财富值的个人或家庭来说，他们往往都有这样那样不恰当的财富习惯。

十倍薪与百倍薪的快意人生

（一）月月光

"月光族"已经是个大家都熟悉的专有名词，指那些每个月将薪水吃光花净的社会族群。应当说明的是，月光族不是少数人而是相当一批年轻人的生活状况。

造成月月光的原因主要有如下几个：

1. 年轻人的工资因为刚刚踏入社会而处于工资结构的底层，本来就不高。

2. 刚刚工作的人虽然薪水低，但是各个环节的活动一样都不少。而且这个年龄段的年轻人更好奇、更有活力、更有消费欲望。

3. 在现在的社会大环境下，年轻一代普遍地接受新的人生价值观和消费观念，不会像他们的父辈一样节俭，要过尽兴人生。

4. 很大程度上，无论学校还是家庭，都没有教会他们很好地进行财务规划和生活计划。学校教育的缺失和父母家教的不到位，都是这一代年轻人财商不足的原因。

5. 近二三十年以来，父母养育子女数的减少使家庭的支付能力越来越强，一些家长可以给子女提供优渥的生活条件，父母和子女更加注重生活品质而放松开销控制，结果很多高中生、大学毕业生的消费远超过他们参加工作后的月薪，自然入不敷出。

6. 在越来越高的通货膨胀，越来越新、越来越吸引人的新技术、新产品的发展，以及人们越来越膨胀的消费欲望的综合作用下，人们的欲望越来越多，消费也越来越高，钱，就总是不够用。

无论是什么原因造成的月月光，它都是人们财富积累的大敌，是财富人生必须革除的一大恶习。道理非常简单，如果月月光就永远留不下任何积蓄，把薪水全部贡献给商家和五彩缤纷的生活，虽然扶助了社会经济，快活了当时的自己，但是生活源远流长，人生不是一时而是一世，它不仅仅是某一个时期的夜夜笙歌，生命的历程不可能永远艳阳高照，总有那么一天会出现一些新的状况，发生预想不到的事件，让没有积蓄的人措手不及。一些在一个时期快乐的人，却失去了许多可以持续快乐的机会。"人还在，钱没了"，不知所措和茫然无助的人生，注定和幸福无缘。没有计划和不知节制的人生会留下包袱和遗憾。人在钱在，笑到最后才是赢家。

（二）超前消费和负债消费

如果说月月光有个人主观原因的话，那么负债消费往往是商家和银行在苦果上包的一层糖衣，用一种新潮、时尚的观念让你掉入财务陷阱。稍微用脑子想一想就会发现，除了购置房产和不多的几样"大件商品"是必须负债的以外，所谓的分期付款、超前消费带给你的往往是一种过度消费和无计划、非理性消费。在你刚刚参加工作还没有很多存款的时候，商家才会答应你"负债消费"。如果你连一台 1 200 美金的苹果电脑和 3 800 美金的松下超薄电视机都买不起的话，那么，你还处在暂时没有支付能力消费这种档次的商品的阶段。

你大可多等几个月再买这些东西，根本没有必要为了提前一年半载享受，去签一个配套合同把自己先抵押预支出去，也没有必要在你参加工作的第一年，就为了追求一种酷派的生活方式赶紧贷款买车。这些超前消费的分期付款和十年的车贷在你工作遇到问题和收入下调的时候将变成一个定时炸弹。我们不是说不能负债消费，只是强调这种负债只有在必要的情况下才值得去做。比如你的第一处房产肯定需要"借船过河"使用一下财务杠杆,而为购买日常消费品负债就不太值得。所有背负卡债的"卡奴"都是不经过大脑思考的非理性消费者:每个月还最小数额,然后利滚利地归还银行高达24%的利息,是谁让他变成穷人的呢?

(三)无计划随意花

钱是你自己的,当然是你想怎样花就怎样花了。只是花钱有计划和没计划带来的差别也非常之大。金钱是有时间性的,金钱是可以生长的。你把它当成消费品和把它当成种子是两个不一样的概念,就像将母鸡用来下蛋和用来煮鸡汤是两个概念一样。预算能够让你清楚地知道钱该怎样用,哪些钱该排在第一位,哪些支出可以暂时缓一缓,哪些钱根本是可花可不花的。计划能够让你理性地管理你的需求,合理地控制和消费你的钱财,更重要的是,还能让你的钱财在计划下带来更大收益或者发挥更大效用。

很多人头脑一热买下的时装、汽车、电子消费品等,正是他们日后懊悔的地方和赔钱的所在。随意支出的小额度,在日积月累的过程中,不断地消耗着你原本应该存留下来的财富。当别人的存折上增加几个零的时候,很多人只是在储藏室里多出一堆放不下的留着无用弃之可惜的摆设、旅游纪念品、不穿的衣服和一堆再也不用的运动器材以及过时的电子产品。

三、财富习惯

好习惯是通往成功的最近途径。养成好的财富习惯,你就成功了一半:虽然并不意味着你可以大富大贵,至少你不会跟财富背道而驰。

一般地,如果你可以在每个月抽出一点时间或者经常不经意地想一想有关自

04 财富意识与财富习惯：你是否背了只漏口袋

己财富积累的小问题的话，你的财富意识就会有一个稳步的显著提升，它并不需要占用你太多的精力和花费你太多的心思。结合你对自己的财富要求和培养的财富好习惯，只要认真持久地坚持下来，让积累和拥有财富这件事成为你生活中一个自然而然的惯例，成为一个固有的体系，成为一种条件反射，那么，当这一切形成之后，你甚至不需要花费多余的精力，就会行走在一条平稳、通达的财富之路上了。当然，这之前你需要花费 3～6 个月的时间，记录你的消费习惯和分析追踪你的钱财流向，总结和发现你的财务漏洞，改进和健全你的消费原则，以及摸索出最适合你自己的财富积累办法。一般来说，大多数人在六个月到一年的时间里都可以轻松地建立适合自己的财富积累体系，个别已经养成坏习惯的人则需要更长的时间来规范自己的行为。

哪些财富习惯是值得培养的呢？

（一）记录和分析消费行为

无论你是工薪一族或者根本就是家庭主妇，在你年轻的时候，当你开始有收入和消费的时候，你就要养成一种良好的习惯，那就是对你所有的消费行为做一定时期的记录和分析。具体来说，就是你在生活中大大小小的开销，最好都有一个简单的笔录，记下花费的金额和消费的项目，在每个月有一个汇总，通过这个汇总和分类，你将会追踪到你每个月的工资都花到哪里去了。

不要以为记录账务仅仅只是财会人员才应该去做的，你自己也应该对你已经到手的工资支出心中有数。事实上许多人对自己每月发多少、花多少都不能一口说清楚，停留在"收到工资的应该是一个标准数，花出去的钱就看口袋里还有没有"的模糊感觉阶段，对于每月经常性的扣除和增发部分都处于不理、不问、不管的状态。这是很糟糕的对金钱的无意识状态。之所以强调你在一开始领薪水、自主消费的时候，在一定时期记录自己的消费行为，是因为如果经过了这个步骤，你就会对自己的金钱进与出产生认识，从而培养和调整好自己的消费心态和消费行为。

通常，在工作一定时间之后，你会产生一些与钱财有关的想法。这时要明了自己究竟需要花多大工夫才能达成某个生活目标，对自己的赚钱能力、实现目标的时间要做出一个大致的判断。这个时候你就有了深切和精确地了解、把握自己财务的一种愿望。记录和分析自己的实际消费，会让你确切地了解自己是哪一类人、钱通常是花在什么地方。只有认清自己，你才能把握自己，做一个合理的消费者，从而培养好的财富习惯。

做记录其实非常非常简单易行。你只需要随身携带一个小本子——什么样的都可以，在每次花钱的时候记下消费的项目和数目即可。就这么简单的事情很多人都做不到，那是因为他们认为这种事情简单到不必去做，或者他们认为只要记在脑子里，到时候写在本子上就行了，遗憾的是，到时候他们总是忘得一干二净。如果你实在无法在消费的时候记下来，另一个常用的办法是保留单据和清理钱包。比如每天早上（两三天也行）出门前清点钱包，保存所有的消费单据，回家以后做概略统计。如果好几天才整理统计一次，可能会出现一些小花销的遗漏，有的花销项目想不起来就不能算得很精确了。那么到最后，再每月仔细地核对你的信用卡账单和银行结单，经过分类总结，再加上那些不是用信用卡结账的消费项目，基本上就可以记录和找出八九不离十的开销了。这样，你就能很容易地分析你的消费模式和钱财流向。

需要说明的是，如果你可以像财会人员那样严格记录一家的花销当然好！但

04 财富意识与财富习惯：你是否背了只漏口袋

是，正如我们大家知道的，即便是本身从事财会专业的人也未必会非常严格地管理家财，因为没有那个必要。之所以提倡记录这个步骤，只是为了在一段时间里通过你的消费数据总结出你的消费习惯，要你自己明了每个月的钱都花到哪里去了。只有明了这一点，你才能找到哪些项目应该加强，哪些项目应该减少，哪些消费根本就是一种耗财的恶习，应当革除。除此之外，每个月核对银行账单是一种好的习惯，它还可以帮助你发现账单上的错误。所以，了解你自己的收入和支出而不必把自己陷入繁琐的无趣当中就行了。

耐心记那么几个阶段，找到你的财务重心，摒弃坏的财富习惯，发扬好的财富习惯。找出你生活的必要性支出、调节性支出、可以削减的支出和可以根本革除的支出。做出这些分析和调整之后，你就有目的地合理地继续你的适度消费好了。记录账务是在分析你自己，引导你自己，培养你自己的财富方向。养成这个习惯之后，很多消费行为就好像有了"把关者"，你记不记录方向都不再会出错了。这种无人可以替代的自身财务分析最好在你工作的前三年就完成。

（二）花钱之前想一想

接下来，你要养成的习惯是花钱之前的预想。每次发工资之后，或者花钱之前，要大致有一个设想，给将要发生的支出把一把关。

增加的这个预想程序对你的消费支出起着很好的理性控制作用。一般地，买一支铅笔和两个冰激凌这种小事你不需要想很多，需要预想的通常是比较大的或者经常性的消费项目，具体花多少钱需要把关控制这因人而异。有些人花几百块会先做一下预算，有些人只有在买大件时才会进行财务安排。这没有一个具体的标准。

关键在于你必须根据收入来考量你的支出，以及把握支出时钱财流出的节奏——方向性的控制比数目控制更重要。消费预想和目标通常是联系在一起的。和记录分析不同的是，预想常常可以给人带来小小的欣喜，因为当你认真地规划下一次重要和必要的花销时，无论是买一个新的笔记本电脑，还是全家的一次海外度假，更不用说置办房产付首期或给孩子准备一笔私校学费，这里面都包含着梦想和向往，你会情不自禁地为之一振。所以，很多人都喜欢消费预想这个步骤，因为一遍一遍地想象着一件令人开心的事会带给人巨大的期待和快感。当你想着再攒多少钱就可以买最喜欢的苹果电脑或出国旅游的时候，你会更加主动地赚钱或者把关节省。事实上，只有那些反复考虑才购买的东西最持久也最珍惜，任何头脑一热买来的东西都会让人后悔，这无关消费金额大小。预想可以让你成为一个理性的消费者，更妙的是，它帮助你匡正你的财富人生方向。

（三）节流

在认真做过针对自己的收入和支出的总结分析之后，不需要任何财务顾问，你就能立即挑出几项有关自己在收入和支出方面的问题。是否采取改进的行为主要看你是否产生了改进的意识，是否真的想拥有一个健康的财务和安然的未来。如果看重自己的未来和家庭幸福，你就会愿意改进和尝试行动。

仔细审查你每个月的支出，评判你的日常消费支出项目哪些是必需的，哪些是可有可无的，哪些是根本不需要的。经过评判之后，几乎每个人都可以从自己的消费清单里划掉几项可有可无的消费项目，比如，女士们上街随手买回却从不穿的衣物，大减价促销时整套的煮锅，朋友推荐的保健品等等。你也可以发现一些简直你不能相信的、不能容忍的坏毛病——买下的美容套餐来不及享用就已经

04 财富意识与财富习惯：你是否背了只漏口袋

过期，卡里的几十块也打水漂了；跟风买的跑步机买回来之后就不再跑步等诸如此类的事情。

进一步分析，你还可以发现一些消费项目是有松有紧可以调整的。比如，每周和女朋友去看电影，不是每次都需要一整套的可乐和爆米花；已经拥有几个名牌包包之后，再多几个其实也没有增加多少快感；每周的那包香烟、每天的那杯星巴克、每周的酒廊泡吧如果戒掉的话，好像可以省下几百块呢。如果就这么不经意地每天这儿花点那儿花点的话，30年下来的零花钱……哇！原来可以买辆私家车！

让我们看看一些可有可无的小花销是怎样漏钱的：

支出项目（新加坡价格 新币）	每年消费	30年支出总和
电影：每周1次2人影票、可乐、爆米花，共25元	25×52=1 300	39 000
香烟：每周一包，8元	8×52=416	12 480
咖啡：每工作日1杯星巴克，5.5元1杯	5.5×22×12=1 452	43 560
酒吧：每周1次，啤酒或红酒50元	50×52=2 600	78 000
多多彩票：每周买2次，每次1张2元	4×52=208	6 240
女士服饰化妆品：平均每月150元	150×12=1 800	54 000
男士高尔夫球：每月2次，每次150元	300×12=3 600	108 000

以上这些例子都是很日常的小消费，当然其中一些也许恰恰是你的兴趣所在、乐趣所在，比如女士们买衣服和化妆品、男士们的运动开销等。在这里，并不是要劝你戒除你的乐趣去一味地存钱，而只是举一个小例子，旨在说明钱就是这样在不知不觉中东一块西一块地流走了。如果你的钱袋比较厚实，钱的确可以给你带来多种乐趣。无论做什么，只要支付得起，花钱确实可以使你更舒适、更快乐。只是如果刚好因为有更重要的事情需要筹备支付，又没有多余的钱的话，

那么检点一下生活方式和消费的方方面面，总是可以找出几个可以削减的项目，成功地"挤"出一些钱的。

比如，你同时抽烟、泡吧和买彩票的话，这些小嗜好在 30 年里帮你消耗了约 10 万新币的财富。如果这笔钱派个正经用场的话，它大概可以用作：

- 支付孩子的大学学费；
- 买一辆经济型家用汽车；
- 支付一套价值 50 万的投资房的首期；
- 享受一次长达一年半的品质不错的环球旅行；
- 做一次相当动人的慈善捐助。

你的任何一个可有可无的小花销在 30 年里都可以膨胀得让你难以想象。你的这些花费，在折合成一样你梦寐以求的物件的价格的时候，许多人会目瞪口呆、尖叫失声。

找出自己某个经常性的或可有可无的消费计算一下吧，这一招非常灵验且会十分有效地帮助你清醒认识节流的重要性。一个来咨询的顾客就是通过这个计算断除了 20 年都改变不了的对时装的嗜好：她从 18 岁之后的 25 年里，用于买衣服的钱等同于一套她一直想要的公寓。另一位女士对鞋子有着无比的狂热，她的鞋柜里有 300 双各式各色的意大利皮鞋，仅鞋子一项就占据她 6 万块。还有一位女性拥有整整一个房间的名牌手袋，200 个包包以每个 2 000 美金的平均价格计算，她的宝贝耗去她 40 万美金。

这个世界上不仅女人头脑容易发热，男人也一样。办公室的司机每月薪水 2 500 元，每周一包香烟 7 元，30 年香烟花掉他 10 920 新币。助理蒂姆喜欢星巴克咖啡，每天工休的时候下楼买一杯提提神，一小杯星巴克咖啡 5.5 新币，每周

04 财富意识与财富习惯：你是否背了只漏口袋

27.5新币的花销使他认为对他2 300块新币的工资来说微乎其微，完全能够承担。如果他始终把这个小小的对自己工作的"犒赏"坚持下去的话，那么，他在办公室的一生仅咖啡这一项的总开销是42 900新币。皮特是一间公司的董事，他热衷于收集手表，到现在为止已经收集了各种手表共65块，他说除了支付房贷和生活费，这就是他一辈子的所有。朋友西蒙喜欢洋酒和美食，他说除了现在住的组屋*外这辈子没有留下什么资产，因为他把全部的高薪不断地用于出国和品尝美食、美酒，至于养老他说还没想过。

　　这些随手拈来的例子都是我们周围不同人的生活状态。也可以这样说，生活中形形色色的消费，正是由人们生活中最愿意享受的乐趣构成。我们不是在建议人们为了存钱而做苦行僧，只是以活生生的例子教会你一种识别消费行为的方法。也就是说，你生活中的爱好和欲望都是有代价、有成本的。当你的财富足够让你行使你的这些爱好时，享受你的欢乐人生就一点问题也没有。但是，当你有更需要的用途时，你日常的开销里就隐藏着这样那样大大小小的漏洞，如果必要，你只需要调整或者戒除一些开销，就可以扭转现金流的方向。有那么一句话叫"省钱就是赚钱"。有时候，开辟第二职业，把自己弄得筋疲力尽不见得比稍微调整一下支出更有效。如果你还没有达到随心所欲不计成本地享受生活的消费水平，如果你还正处在建立自己终身财务保障的阶段，那么，节流可以帮你一个大忙。

---

　　* 组屋是新加坡政府建屋发展局承建的针对社会中低收入阶层的平价大众住房。政府对第一次购买组屋的居民提供1万～4.5万新币的购房补贴，这类住房严格限制高收入阶层购买。在新加坡，超过80%的居民居住在设施完备、交通方便的政府组屋。高收入者只能购买私人公寓和有地住宅。

073

（四）开源

如果你背了一只漏口袋去买米，回到家时，你的米肯定所剩无多。不良的财富习惯就像你背了一只漏口袋行进在你的财富人生途中。你的钱就这么不知不觉地在你的爱好、习惯、憧憬和逍遥中一点一滴地消失。每个人每个月都会有那么一份不多也不少的工资，每个会赚钱的人可不一定都能把钱留下来。生活在现在这个时代，不同国家的人讲的一句共同语言是"钱不够用"。我也这么认为，在多数情况下仅仅有一份普通工资是不够的。

如果"钱不够用"变成一种共识的话，沿袭60年前祖父那代人"一天省把米，三年一头牛"的财富策略显然是不济的。现在的生活跟从前大不一样了，用省米的方式三辈子也住不上属于自己的房子。生活在今天的人们基本上都是衣食无虞的，也很少有人生活在炮火连天、民不聊生的社会，大多数可以安定过活的人面临的都是无形的关于生存质量的压力：社会环境、空气污染、食品安全、生活待遇、薪金等级、社会阶层、消费方式和自由度等等。人们考虑更多的是不得不给孩子攒更高的教育费以便进名校；想居住得更舒服就不得不支付庞大的房屋贷款；十分渴望每年都能带着家人出国放松一下；也非常渴望像周围的人一样享受一些世界名牌……现代社会大家提倡的是公平竞争、能挣会花，人们更加注重自我发展和价值的实现，仅仅依靠刻意节俭是无法在现代社会致富的，即便是戒除了对星巴克的偏爱也依然不能。

节俭，不铺张浪费，是人们由来已久的传统美德；节省开支，不做没必要的开销也是明智之举，这些是你财务计划中重要的防守策略。除此之外，更为积极有效的和更为重要的是，你还需要建设性地改善你的收入来源，积极应对为了生

04 财富意识与财富习惯：你是否背了只漏口袋

存你所面临的物价上涨、通货膨胀、需求扩张、医疗保障、住房教育和其他种种问题，而这是你生活在今天应对生存的最有效的办法——开源，即加大现金流流入的速度，增加你蓄水池的容量，以应付日益增长的方方面面的开支。

说起开源，人们立即会想到过去30年人们最常选择的第二职业。很多人采用这种看起来长远而周全的增进收入的方式作为自己的致富策略。在相当长的一个阶段里，从事第二职业所带来的收入很好地帮补了家用、改善了生活条件，是那个时代一种行之有效的发家致富的手段。但时过境迁，以社会效率大大提高和管理制度更加严细的今天来说，如果一个人有第二份工作收入当然是好事，但是，我们并不建议你在正规职业外再身兼二职。根据研究，短期的第二职业可以带来不同的视野和另一份收入，但是根据人体的承受情况，很少有人既可以完成本职工作，又可以轻松地进行第二职业。即便是难度不大的第二职业，日积月累地进行下去，体力上也往往无法承受。况且，现在的用工单位也往往以职业忠诚为由而禁止员工从事其他职业。所以，兼职赚外快不是长久之计。

我们所提倡的开源更侧重于用你的资源、实力、资本和智慧为自己建立起财富的第二通道。也就是说，在你积蓄了第一桶金之后，当你有了资本，你可以用一些心思，花一些时间研究一下适合你个人发展和财富增值的渠道，开始你自己的财富之路，让你小小的雪球滚起来。

或许你已经有所认识和有所接触。作为大众理财工具的各种金融和其他多种多样的投资产品，比如股票、基金、债券、单位信托、保险、外汇、期货、商品以及投资房地产，创立企业和开办公司，这些存在于你周围的事物不是从自己家里人那里听到、学到的，就是从朋友们那里看到的。对于你自己来说，或早或晚，你会决定选择其中之一二一试身手。这些渠道和工具，没有什么好与不好，只有合适与不合适。你能否熟练操作其中的一项或几项更重要，而操作成功的标志是，这些渠道和工具是否使你稳健获利、使你原有的财富数值增长。一般地，初入社会的前十年，你会非常有兴趣地尝试这些工具中的几种，从中找出你的兴趣点并加以研究、实战，通过几年的经验积累，往往能够熟练地买卖基金、股票或者是跟几个信托产品、随着朋友做几单小买卖。这些，就都属于你开辟的财源，涓涓细流源源不断地涌入你的蓄水池，使你的实力不断地强大起来。

（五）延迟消费

这是一个很有效的节制花费的方法，它可以很好地管理你自己的需求和手中的现金，并且基本不会太过压抑享受的情绪。延迟消费不是不消费，只是暂时推迟消费的时间，在价格比较接近自己消费能力的时候再进场。延迟消费是绝大多数人能够做到并且愿意接受的。

作为一个价格规律，新产品总是昂贵的，在产品面世一段时间之后，随着市场的逐步饱和，产品的价格会相应下调。追新一族往往是时尚的、尝鲜的或者耐不住性子的消费者，他们为最早拥有新产品往往愿意付出较高的代价；而理性消费者往往在第一批试水者之后进场，他们以优惠的价格享受同样的产品；大众消费是在全社会都风行之后普及型的消费，价格自然也是大众能够接受得了的。注重实惠的消费者基本上都可以很好地控制自己的消费欲望和需求，在产品普及之后才开始消费；而时尚的消费者追求的就是人无我有、领先一步，并不计较高出的那截价格。人人都可能是某方面产品的领先使用者，也可以是某类产品的延迟使用者。比如一些女人对时装和手袋的酷爱和一些男人对汽车和电子产品的酷爱，他们不仅可以接受高价格而且还推崇限量版和特别预订；相反地，对于价格

04 财富意识与财富习惯：你是否背了只漏口袋

敏感的消费者，他们宁可选择多等一些时间，让新产品风行过了之后，再享受打折的乐趣。

所以，人们的消费心态决定了他们口袋中钱财流出的速度。富人们可以消费得起价格高的物品，但也不是富人就喜欢、就愿意消费价格高的产品。彻夜排队购买苹果新产品的是粉丝、发烧友，在半年后以折扣价格购买同款产品的不乏钱包鼓鼓的富裕人士。对于商场里琳琅满目的商品，很多人选择"等等看"再行购买，价格和喜好都是很重要的。所以，适当地延迟几个月才进场消费，是很多人都喜欢做的事。无论是时装还是电子产品，晚个一年半载对人的影响不会很大，如果能够节约下来几成资金，当然一举两得。

当延迟消费运用于电子通讯产品、大众流行产品的时候，可以轻易节省几折的价钱；当延迟消费运用于像汽车、珠宝名表、高档名牌服饰和房产这些重大支出项目的时候，对于不那么富裕的年轻人来说，有一个在消费方面的机会成本选择：是现时实施高消费还是集中优势进行投资以便取得更大回报？因为对于不那么富裕的年轻人来说，财富上台阶需要相对较大的资金和几年的投资时间。一旦将主要的积蓄用于不能带来回报的消费时，除了心理愉悦和提升自信以外，并没有给你未来的人生带来更多的其他的建树。假如可以暂时忍耐几年先不那么多高消费的话，你用这笔可贵的资本投资的利得，会创造出让你拥有财务有保障的人生，之后再进行任何形态的消费对你都将不成什么问题。

（六）清偿债务

生活在现代的人没有没贷过款的，没有借与还，会连信用都无法建立。借贷行为变得越来越频繁，越来越早地发生，成为我们生活的一种常态。一个人一辈子没有使用过贷款是难以想象的,从助学贷款到车贷、房贷,贷款几乎成了人们相伴终身的朋友,一些人甚至还需要小额贷款以助不时之需。

如果说借贷在现代社会无法避免的话,那么,早一些清偿债务是你必须了解和及时处理的。天上不会掉馅饼,世上没有免费的午餐,借贷是需要付利息的,并且有些成本还很重。"借船过河",利用银行的贷款来完成一项大的必需的事项或投资是积极的,但是贷款会始终给你压力并且越滚越多的利息会蚕食你的财富。所以一旦你的经济缓过气来,就尽快安排归还贷款,哪怕一部分也好,能还多少就还多少,分期分批越早结束贷款越好,注意不要使自己深陷债务陷阱。

一些人认为,在这个低利率的时代,能多借、晚还是最好的,可以拿手中的钱去消费或者投资。想法是很美妙,只是要留心一下你的借贷成本和借贷投资的风险:如果你的确是一个投资高手,借贷投资当然是一种方式,问题可能不大;如果你并不精通投资,没有多大把握,还是宁可先减债减息,换得无债一身轻,也不要投机不着又蚀了本——有成本的"本"会让你雪上加霜。事实证明,投资的风险因人因项目而异,只有极少数的人能够成功地运用负债盈利法。

四、财富的方向

你已经了解了不少关于财富的内涵了。拥有一份工作、一份收入,经过几年的积攒,有了一笔不大不小的资金,还尝试用这第一桶金来投资一些金融产品,通过记账、分析每个月的账单,你清楚地知道自己的收入和支出状况,也明了哪里是你的消费盲点和应该及时纠正的财富恶习。在用心地研究和分析自己的长处和需求之后,经过尝试你已经为自己找到了适合自己的财富积累计划和财富积累方式,值得庆幸的是这并没有影响到你的本职工作。在你的财富账户里面,你的

04 财富意识与财富习惯：你是否背了只漏口袋

资本同你一样，不，比你更努力地在工作并成长着，在你睡觉的时候它们也在不停地生长，你和你的资本都在为你的财富增长忙碌着。

虽然是家庭的财务，你也是需要遵循"收支两条线"的方式进行处置和预算的。如果你分不清收支关系，没有全局观念，收到的钱马上就填支出的洞，那么你的财务永远是混乱的，到最后你都搞不清到底挣了多少、花了多少。所有的玄机就在这一进一出之间，在于控制金钱的速度和方向。如果你可以驾驭你的金钱，像骑马一样，收是向左走，支是往右行。目标永远是正向的，不能朝向负的那一极，进钱的速度永远要大于花钱的速度，或者是调整花钱的速度慢于赚钱的速度。如果你能领会这些看不见的有关金钱的速度和运行法则，那么，你就找准了你的财富方向。

如果你在工作的五到八年后可以达到这样的程度，恭喜！你做得相当不错。如果没有做到，也没关系，这就是你需要努力的财富方向。如果你能够在你的第二个十年里做到也不算迟，第三个十年实现也是非常值得的。重要的是，你必须明了哪一边是你坚持的正确的财富方向，你必须永远地拥有正向的现金流，即便是因为偶尔发生重大事件或遭遇转折，你都必须尽快地返回到正向的财富方向，不能负得太久，陷入财务泥沼太久了你就爬不出来了。你要明白的是，抢救贫穷大作战比改掉一些小毛病的难度要大得多。

五、留住你的钱

金钱是个精灵。"铜钱无脚走四方"，金钱既是随着人们的交易四处流动的，也是有灵性和长腿的，它会快速投入你的怀抱，也会悄悄从你的口袋里开溜。如果所有能赚钱的人都能够留住金钱，这个世界就非常简单了，赚了钱的就都晋升为富人，从此过着幸福生活。事实上不是这个样子。钱来钱往自有它的道理，赚钱很辛苦，留钱不容易，只有深刻认识和了解金钱的人才能够长远留住金钱。面对金钱，有钱有有钱的烦恼，没钱有没钱的烦恼；没钱的时候想有钱，有钱的时候事更多。一辈子过着简单俭朴的日子容易，有钱之后再打回贫困俭朴可能就不大容易过得去了。

有钱之后的烦恼在影视剧的豪门恩怨里表现得淋漓尽致。金钱导致的猜疑、争夺、谋杀、陷阱、亲情淡漠、婚变和孤独、隔离比比皆是，以至于很多人痛恨金钱，谈钱色变。但是人们又无法脱离金钱而生活，离了金钱许多事情还是事事作难万万不能。但无论怎么说，金钱在社会和生活中所起到的正面作用还是远远大于负面作用的。

无论如何，人们还是希望能够留住金钱，短则为自己不能工作以后的退养积累足够的物质基础以确保老有所依，长则希冀自己身后家人衣食无虞、居有其所、医有所保，留下传世家产恩泽后代。拳拳之心、绵绵情意，在无数最冰冷死寂的遗嘱中尽显人性光辉。这就是人类爱的文化和表达方式吧。

留住财富的深层意义在于：

其一，为自己安排失去工作和赚钱能力之后漫长退养期的巨额财务费用。

你可能已经有所耳闻，随着通胀时代的到来，20年后、30年后你养活自己可能需要一笔数目十分庞大的金钱。2000年，新加坡的财务顾问建议大家为退休留足100万就可以愉快退休了；12年后的今天，同样的财务顾问要求大家最好攒够180万。如果你现在50岁，要是一不小心活到100岁，你的财务顾问每十年就会给你一个水涨船高的退养计划书，那个推算出来的数字会让你内心有惧。所以，你需要留一些你已经拥有的财富，还需要让它们跑过通胀数字。如果

04 财富意识与财富习惯：你是否背了只漏口袋

它们能够带回更多的财富，当然更好。

其二，如果你已经大富大贵坐拥千万亿万，你通常会考虑捐助社会和留一部分给你的子女。根据"富不过三代"的财富箴言，你很希望你不太放心的子孙们能够在他们的人生中有房住、有车开、有饭吃，可惜你不能为他们再当一辈子牛马替他们管家了。你深知他们不会像你那一辈人那样吃苦耐劳了，娇生惯养、不善持家是子孙们在老人眼中的通病，那就打一个电话给你信赖的财富经理和律师吧，做一份可以传世的信托和遗产规划，选择那些一流精专的理财顾问为你家庞大的基金工作吧。就像威廉王子一样，你的孩子在你身后若干年，等他们成熟到一定程度，他的银行账号将分批出现你希望他得到的财富数目。在你死后多少年，你的子孙们都能过着同样有保障的高品质生活——你可以在天堂含笑致谢现代的银行和法律服务，它们可以保护你辛苦一辈子的那些钱财不被不肖子孙挥霍一空。

其实这个世界上很多人缺少的不是财富机会，而是缺少创造财富和守住财富的能力和技巧。因为你对财富的认识和行为选择的不同，你的人生也就有了穷与富的根本性不同。记住一个企业家语重心长的一句话吧："挣100万花100万那不叫富，留住财富才是真正的富！"

第二篇
财富技巧

05

工作谋生　投资致富
——让财富和你一起成长

　　前已有述，这本书的读者群是那些没有出生在富裕家庭的年轻的城市受薪阶层。对于这些人来说，出生以后，"读书—工作—退休"成了城市人生经典的三部曲。一般地，现代社会普及型的教育也达到了高中以上，越来越多的人都接受过大专以上的教育。虽然有些人在年轻的时候因种种原因没有完成大学教育，但是随着现代教育的发达和人们对自己不断提升的要求，在工作场所以及业余的进修中，终身学习的理念和行动使越来越多的人在工作以后，达到大学及以上学历水准的比例越来越高。即便是蓝领阶层，工作条件、技术能力和学历也都在进一步改进和提高。到目前为止，在许多城市里，职场中的蓝领和白领的界限已经模糊；一些从事金融、管理、创意职业的高薪女性，被形象地称为"金领"、"粉领"。为叙述方便统一起见，我们全部将之概述为"城市受薪阶层"。

　　城市受薪阶层的显著特点是：其一，不管职位层阶高低，全部是依靠工资收入过活；其二，虽然有被动收入，但总体上被动收入的成分不是太高，所占比例不大。也就是说，这里的受薪阶层指普通收入的受薪阶层，不包括"打工皇帝"这类百万年薪的特殊人群。

针对这样的普通城市受薪阶层来说，刚刚参加工作不久的职场新人的工薪收入，通常为其主要的收入来源。拥有一份固定的工作和一份固定的薪水，再加上补贴和奖金，这些收入往往构成了城市受薪阶层的全部收入来源。对于这些城市受薪阶层来说，按部就班的工作和辛辛苦苦的努力，每年的加薪和逐步升迁的职位，是一条人人皆知耳熟能详的"往上爬"的职场套路，他们中的大多数就是按照这样的人生轨迹完成自己的人生三部曲的。

对于这样的人生，我们一点都不陌生，因为许多人的父母亲友就是这样一路走过来的。幸运的，一辈子辛辛苦苦兢兢业业，养大孩子供完房子，就已经万事大吉、完成人生大业了；不那么幸运的，紧紧巴巴劳累一生甚至也没有攒下一处可以安身立命的家产，甚至也支付不了自己的医药账单，老了还需要向孩子伸手讨生活费——如果幸运地有孝顺孩子的话。

老年贫困的现象屡见不鲜。在贫困的城市人口中，他们中的许多人原本也一直辛辛苦苦兢兢业业地工作，在苍老的暮年却落难于不佳的财务状况，比生活在乡村中的贫困老人更不济。因为手中没有现钱，他们可能随时缺少牛奶和面包，可能随时被中断水电等必需的城市服务。也就是说，城市中的贫困者在遭遇经济困境的时候只能维持短短几个月的账单，"手停口停"是形象的写照。

这个问题向所有人敲响了警钟。无论是青年还是老年，个人财务独立是一件非常、非常重要的事情。重新审视财富的意义，并非是与社会上一些奉行"金钱至上"的人同流合污，也不是顾此失彼的"拜金主义"抬头，而是通过自身的努

05 工作谋生　投资致富
——让财富和你一起成长

力，过上有保障的生活。个人财务独立，对于一个人最终能否过上快乐富足、老有所依的幸福生活，太重要了，这是一个人们不能忽视的问题。

据报道，美国人口中，75 岁以上的老人中有 130 万人还不能过上舒服闲适的退休生活，很多人还需要继续工作才能付账单。在风烛残年的时候还不能颐养天年，还得为三餐和水电发愁，实在是有些残酷和悲凉。有谁认为在腰都挺不直、四肢僵硬的时候继续劳作的人生是幸福的人生呢？相反，如果你衣食无虞、身体健康、头脑清楚，在 68 岁的时候兴致勃勃地环球旅游，78 岁还在打理慈善基金会，88 岁以后还梦想出版诗集，那么你肯定让全世界的人都羡慕、赞叹，并为你鼓掌。

一个人的财富基础对于他的幸福人生何其重要！问题在于，如果你不是含着银匙出生，是不是就没有多少致富机会呢？事实上，绝大多数的亿万富翁都不是靠继承财产致富的。他们中的大多数是白手起家的，靠辛勤、努力工作和用自己的眼光、智慧赚钱。虽然成功致富的传奇许多都是无法复制的，比如比尔·盖茨、乔布斯和巴菲特的非同一般的经历，都只能作为励志鼓舞和经验参考，而不能作为样板模仿，但对于现代城市阶层来说，他们是否也有一个途径，可以靠一生的努力而过上富裕的有品质的生活呢？答案是肯定的。

前面我们已经大致匡算过了，一个城市普通受薪人士在他 30 年的工作时间里，都可以是百万富翁。他们一生创造的工作收入介于 150 万～400 万之间。当然，这是个毛收入的数字，并没有扣除他们必需的生活费用和其他一切支出。即便如此，这样的正常收入仍然是可以保障基本生活的。如果是双薪收入，再加上各种津贴和奖金，没有过度消费行为的话，实现普通小康生活也是没有问题的。但是人们的目标并非仅仅如此。事实上通过多一些的努力，很多人可以在普通收

> 十倍薪与百倍薪的快意人生

入人群中脱颖而出，遥遥领先地踏上财富之旅，过上更为优渥的生活。其间的精髓在于很多人明了"工作谋生，投资致富"的诀窍，因为掌握了这个诀窍而使得他们的人生大大地不同于一般人的人生。那些"只埋头拉车不抬头看路"，同样辛辛苦苦的受薪一族，由于没有在他们的人生设计中加入一些必要步骤，而在20年以后生活质量大大地低于了他们的同窗。

人生职场如同长跑，虽同样努力，但不同认识和不同行为，是造成同一起跑线上出发的人在20年后生活境况和财富差距产生天渊之别的重要原因。这两类人，由于不同的认知及作为，他们的财富人生发生了重大裂变。

一、建立多重收入渠道

工作是人生中的重中之重，它不仅带来养家糊口的活命钱，还带来乐趣和成就感，更赋予人生意义并升华成一种精神寄托。工作对于人们来说太重要了，重要到你无法想象失去工作或者根本不工作的情形。即使是衣食无虞没有财务问题，人们也无法想象完全不工作的生活会是一种什么样子，因为没有人能够承受这样的生命之轻。所以基本上人们都很认真地看待工作问题，很多人对工作还抱持非常虔诚的态度。无论是雇主还是雇员，对待工作的认同点就是：打一份工赚一份钱。工资收入通常就是人们赖以为生的最重要的收入渠道，很多人离开了工资收入就没有办法过活。

工作所带来的收入是如此重要的"生活本钱"，以至于许多人把工作看得也如此重要，一辈子恪尽职守，殚精竭虑，一心一意，倾注一生心血奉献给自己的工作。有许多职场人士甚至终其一生都忠诚于自己的公司和雇主，没有换过工作。大部分热爱自己工作的人都获得了不错的人生回报和强烈的

05 工作谋生 投资致富
——让财富和你一起成长

满足感。

即便如此，我们说工资收入是很重要的渠道，但不应是唯一的渠道。工资只是你工作所产生的价值的一部分，它不是你个人可能创造的价值的全部。尤其是现在的工资体系虽然全面而严细，对全社会的受薪人士来说也相对公平，但是，对于生活在高消费和高通胀时代的人来说，仅仅依靠工资收入维持生活和普通消费还说得过去，如果你有稍微多一些的需求可能就显得勉强了。如果仅依靠一份工资收入买房买车出国旅游提升学历，这份薪水就必须很高而且稳定。在现在到处都取消终身制、打破"铁饭碗"的当儿，终生维系于一份薪水过活被越来越多的人认为靠不住，也没信心。工资收入已经越来越不被人们视为唯一的、主要的依靠了。

但是，工作和工资收入对大家来说依然是至关重要的。尽管工作可以满足生存要求但无法满足全部的生活需求，但是它依然在人们的各种收入中稳居首位，这是因为工资收入具有无与伦比的稳定性、可预测性和连续性。人们必须先满足生存然后再希求发展，工资收入可以非常安全稳固地提供人们衣食住行等生活必要的开销和保障，并且可以相对宽绰地应对生活中的娱乐交际等非大件的开支，也可以让人们留有余地地积攒下一小部分作为不时之需。

只是人类的生活本身就是丰富多彩的，人们对自己生活的要求也是多层面的：当钱包瘪瘪的时候人的欲望不是那么多，当钱包鼓鼓的时候人的欲望也会跟着膨胀，对生活的要求人们总是希望可以"步步高"，温饱之后人的各种想法都会纷纷出笼。生活是一部无比丰富的百科全书，人生是一种渐入佳境的期盼和追求。工作可以满足生存，可是逐步派生出来的对于生活方方面面的欲望和要求，可能仅凭一份工资收入是远远满足不了的。构建多重收入渠道是对人们多方需求

十倍薪与百倍薪的快意人生

的派生性保障。

二、从计时报酬到无限收入

虽然说日子是自己过的，"丰俭由人"说明生活支出和财富积累取决于个人的消费，但是，对于绝大多数人来说，平衡的生活并且有乐趣的人生是值得肯定的。荷包和欲望之间的平衡可以带来自在与和谐，荷包支付能力的提高，可以带来更大的乐趣。所以，与其固守一份永远都不够用的薪水，许多人宁可尝试去蹚出一条新的路子来满足自己的欲求。如果说雇主支付你一天八小时的薪水保证你基本生存的话，那么，一些人利用另外的收入渠道来赚取满足额外消费的收入，因而投资成为人们茶余饭后冥思苦想和刻苦钻研的兴趣和乐趣所在，成为用工作外的时间赚工资外的收入的最重要的方法。用额外多出来的收入支付额外冒出来的消费，既不影响工作和正常的收入，又可以在八小时之外创造财富价值，丰富和提升自己的生活品质。这就是为什么那么多的人在周末跑出去看房子、在网上炒股票、去银行投资基金和信托产品的原因。非常简单，如果投资奏效的话，何乐而不为？

事实上，投资是一种经久不衰、有风险但是也有明显成效的增益渠道，如果掌握了投资技巧的话，它确实可以带来滚滚财源，并且是目前为止可以带来很大、大到无限的回报的一个方法。任何一种高薪都是可以计算出所创造的价值的，而持续的投资行为则可以创造出比你想象的更丰富的财富。从领取计时报酬到创造无限收入，应该说是人类追求财富的一个飞跃。学会投资，你就掌握了一把致富的金钥匙。当然，像所有能够带来财富的真正技能一样，投资并不是那么容易就能掌握的，你必须下一番工夫去认真学习和认真实践才能

05 工作谋生　投资致富
——让财富和你一起成长

掌握。

三、富足是一种变化着的心理诉求

"饱暖思淫欲"和"欲壑难填"两个成语非常真切地揭示了富裕、欲望和需求之间的关系。大量的生活事例说明，富足的生活不是一个结果，而是一种期望，是一个不断发展的变量。随着人们追求的欲求得以实现，不久以后，新的欲望将会出现。它需要人们以持续发展的软实力和创富的硬功夫，来不断地满足人类不断更新的欲求。人类不断追求并不断得到满足，大概就是实现幸福的动力和过程吧。

人们对生活芝麻开花节节高式的要求，令其产生不可避免地要与他人比较的心理愿望，也会导致人们经常会拿自己的过去来做对比，在比较中产生追求和乐趣，当然也包含着失败时的酸涩和痛苦感。但大多数时候，这种比较所产生的正面效益可以加速愿望的实现，促使自己的能力和收入不断提高，以实现生活水准的不断提升。这样的过程在人生中的上升时期不断循环，人们逐步地体验和享受着比较满意的生活而产生幸福感、愉悦感和成就感。当进入收入的下行阶段，人们也会根据收入的减少而调整消费、收敛欲望，从而达到另一种平衡。当然，这个过程是幸福的还是委屈的就另当别论了。所以，维持一种收入的平稳和上升曲线，对保证人的幸福感有很大帮助。投资创富对维持这种生活状态和心理感觉都有很明显的正面效果。这是多少年以来人们对财富孜孜不倦追求的动因之一。

当明了了财富的方向性问题之后，你就会自觉地把投资创富当成一个必须学习的人生技能，而不再将一生的全部局限于一份安稳的工作。这是个人成长和潜力开发的开始。人的潜力是无限的，事实上在现实中许许多多的人的潜力一直躺在那里睡大觉，并没有得到适当的开发。没有打破旧的平衡、冲破旧的习惯禁锢，没有试图超越过去的自己，那么，你也许永远都不知道，原来你可以像许多成功人士一样，在某些方面做得一样出类拔萃、一样精彩、一样好。

那么，怎样维持这种收入的上升曲线呢？你需要做的是养成两个条件反射：

第一，从努力工作到定期储蓄。

一个时代、一个地域、有共同文化背景的人通常有着相类似的人生。虽然每个人的先天因素、性格和家庭环境不尽相同，但是他们成长的大环境的接近使他们这一代人的命运大致相似。当这些背景相似的人共同地走在致富之路上的时候，在起步阶段，那些努力工作并且养成定期储蓄习惯的人和那些同样努力工作但没有固定储蓄习惯的人，各自将朝着不同的财富方向走向贫穷或者走向富裕。在这里他们共同度过的时间变成了富裕或贫穷的膨化剂，而复利则成为一种加剧贫富分化的推手。在一段时间里，将十分明显地加剧着不同财富走向和财富积聚的变化和结果。10年出现不同，20年出现鸿沟，30年或许就无法企及了。可以十分清晰地看到两个不同的财富方向和到达的终点：一个有钱，一个没钱；一个富足，一个贫困；一个积聚了越来越多的财富，一个有着令人头痛的财务问题和贫穷。同时出发的人们由于不同的选择产生了不同的结果，现在"出水已见两腿泥"了。

第二，资本在手和持续投资。

在努力工作和储蓄之后，你还需要善用已经到手的资本——积蓄的那些桶金子，要用这在手的资本进行不间断的持续若干年的长期投资。有了这个行动，你

05 工作谋生　投资致富
——让财富和你一起成长

才可以用若干年的时间培养和收获工资以外的收入，帮助你在一个时期之后获得财务上台阶的可能。投资行为是你财富人生的催化剂。你必须先实施财务独立，然后才可能实现财务自由。

用前期积累的第一桶金做必要的持续性投资，是迈向财富人生的重要途径。相比于没有任何积累的同伴来说，如果你不仅储蓄而且持续进行投资的话，多出的若干桶金都是种子，而这宝贵的资本让你多出了许多选择自由和重要的发展机会；在投资得手时候的丰厚回报可以让你像插上翅膀一样平地起飞。而没有这么做的人不得不等在长长的队伍里论资排辈，等待着职务的晋升和由此带来的小额度的薪金方面的提高。

在这个阶段，那些已经积累下投资资本的人，仅仅因为他们手中比他们的同伴多了几万、几十万可以用于投资的"种子"，他们就可以随时播种，待时收获，这种超然的"广种博收"使他们拥有了看得见的"钱途"。先期的"种子基金"虽然数目并不是非常大，但是，财富增值的速度是令人称奇的。经过时间的催化，在复利的基础上，"利滚利"的模式下财富生长的速度和力度，可以将同时起跑的人甩开距离——有可能是被落下的人永远无法追赶的距离。这个造富的秘密就是不断投资，不断收益；不断收益，不断投入；不断投入，不断生长；不断生长，不断收获。财富的距离就是这样被投资和收益回报不断拉大的。

相比于定期储蓄和不断投资的人，那些一样工作但是没有进行储蓄和投资的人只是"没有做"一些事情，他们共同的特征都是以工作所带来的收入维持生计，只不过另一种人留下了一只金蛋，蛋生鸡鸡又生蛋地周而复始，维持了一个再生产的过程。那个什么也没有做的人与他的同伴一样付出了时间的代价，付出

十倍薪与百倍薪的快意人生

了工作的努力，仅仅因为少设定了一个储蓄和投资程序，就这样永久性地失去了"和财富一起成长的机会"。

那个既努力工作又抽出一些时间做储蓄和投资的人并没有像从事第二职业一样每天多付出四个或八个小时，他只是在闲暇的时候打理了一下自己的银行账户，平常随时留心了那么一到两个投资渠道，给理财顾问多打了几个咨询电话，签署了几份投资文件，就这么种下了一棵苹果树，几年后结出一茬茬的苹果，就这么一筐筐地开始收获了。

所以，城市工薪阶层如果可以早一点明白这个道理的话，认识到工作所带来的薪水，是任何仁慈的老板和大方的资本家根据所收获的劳动价值以及当时当地相对合理的工薪价格而支付的薪水这样一个简单的道理的话，那就一定明白，薪水再多也只是让你养一个四口之家，可以买食品、看电影，可以出去旅游和还房贷，但是，除此之外就所剩无几了。那些薪水低、运气差、失业、生病、祸不单行的，生活的境况就可想而知了。

所以，所谓工作的薪水，谋生尚可，不足以靠此致富。如果想在有生之年较早地拥有财务自由，仅仅依靠工薪收入是远远不够的。只有在努力工作的前提下，用一段时间攒下用于投资的第一桶金，并选择能够带来稳定回报的投资产品进行投资，你的财富才可以和你一起在岁月里共同成长。当年龄越来越大的时候，你的财富数额也将越来越大。这些财富不仅可以满足你越来越多的生活要求，还可以战胜越来越高的通货膨胀，以及给你带来越来越丰厚的投资回报。

所以，在人生的起步阶段，应尽早明了财富方向，尽早步入财富轨道并开始起跑。生活的丰富多彩和人们对美好生活的向往，既是一种挑战也是一种驱动，

05 工作谋生 投资致富
——让财富和你一起成长

所有的向往最终必然落脚在现实生活的层面，表现为一定的物质载体和精神的愉悦。实现幸福快意的人生，应当从你的财务独立开始，因而在人生刚刚开始打拼的时候，明了财富起点和财富渠道是如此重要，学习和提高财商，找准财富方向，确立合适的财富策略，设定下一个自动的财富程序，然后，随着时间的推移，让你的财富和你一起成长。

06

财富借力
——让金钱为你打工

  如果你已经有了五年以上的工作资历和社会经验，你应该已经经历过一些小小的投资尝试了；当你有了十年以上的社会经验和专业技能之后，你的理解和认知也都会进入一个新的层面和高度。这个时候你不仅有了投资的眼界和智识，也有了比较成熟的心态和理念，与你亲身经历过的艰苦奋斗相比，你忽然悟出了财富集聚的法则，也领略到了财富的速度和力道。你产生了要统领这群数字的想法：为什么不能让金钱为我打工？显而易见，你认识到，一大笔钱如果运转起来，是一群人追赶不上的，当然也包括你自己。

  当你明白了投资致富的道理，参透了财富的增值方式和成长速度之后，当你发掘出了你的财富潜力，你就能够统领你的那串还不算太多的数字，让它们钱生钱、利滚利，你就找到了一个和你同方向的有力的同行伙伴，和你一同前行、一同造富——让金钱帮你打工。

  如果你已经在过去的尝试中成功取得一些投资回报，哪怕这些不算太大的甜

06 财富借力
——让金钱为你打工

头都会给你带来莫大的鼓舞。你会惊诧于财富的造富能力如此之强大，因为你一个人辛辛苦苦工作一年的总收入，甚至还比不上地理位置优越的一套市区公寓一年的房租。所以，单单凭借你个人的工作收入，即使算上几个月的分红、奖金和加班费，对于财富人生来说也是远远不够的。

可以肯定的一点是，基于生活标准而匡算预定的工资体系充其量仅仅可以让你稍微宽松地支付生活费用而已，这些工资并不能让你随心所欲地购买新的电子产品、随意去国外度假和购买名牌服装，它只能满足你生活最基本的消费和娱乐而已。那么，在现代社会里人人都想要的有品质的生活方式的账单该怎样支付呢？坦率来讲，仅仅凭借工薪收入是不可以幻想拥有太高的生活水准的，这点人人都清楚。但是，恰恰是现在的受薪一族也有很多人照样拥有了不错的生活品质，那么，他们那多余的钱是从哪里变出来的呢？

前已有述，一个月光族和一个每个月储蓄薪水 10%～30% 的人相比，这个储蓄的人在 30 年后的积蓄比那个不储蓄的人整整多出百万以上！这仅仅是储蓄与不储蓄所造成的留在手中的钱的差别。如果这个储蓄的人还不断地进行一些适合自己的投资，包括用这些积蓄购置房产出租，购买股票套利，或者干脆投资一家餐厅，那么，正是这些举动使他的财富有了倍增的可能。

有计划、按步实施的财富人生与不加节制的、没有计划和目标的人生在结果上一定是判若云泥。不一样的财富方向，让两个同年龄、同背景、同学历和工作能力的人拥有不一样的财富人生。两种境遇的不同人生里，那个节制的、计划的、经常做一些财务规划和投资行为的人不过是在一开始的时候就在他的生活里设定了一个自动的体系和机制，在用心节余和努力钻研之后，他有了一个"合作伙伴"——他那些不断累积起来的金钱逐步与他一道行走在财富的旅途中。所以在 30 年以后，他和他老同学的生活水准就形成了你看到的天渊之别——一个享受富足而舒适的高品质生活，一个甚至还没有准备好失去固定收入退休之后赖以生存的养老金！

当你确定这辈子不能过着入不敷出的贫困生活，必须拥有舒适、惬意的财富人生之后，你就必须确立你的财富策略并为之孜孜不倦地努力奋斗，包括学习专业之外的知识、对自己进行系统分析和潜力开掘、努力尝试新事物和持续投资，而不仅仅只是停留在有一份工作、挣一份薪水的水平上。

除了本职工作之外，你可以找寻到人生原来有很多可以让人激情勃发的事情和可以让人发现宝藏的宝库，你自身的"寻宝"过程来源于你对自己兴趣、爱好和希望的执著与开发。很多全球著名的优秀企业家的发家史都源于自身对某种事物的不倦追求和由衷的挚爱。在认识自己之后，你可以调动多种因素来增强你的优势和创意，贡献和成就你的财富人生。勤奋学习、仔细观察和勇于实践，相信总有一种投资手段适合你。你必须学会让金钱跟你一起跑，让那些你积累起来的、已经拥有的资本帮你分担一些压力和任务——你必须指挥和调度它们，让它们和你一起创造你的财富未来。

具体地说，就是用薪水支付你必需的生活费用，用积攒下来的资本进行投资，所带来的更多的收益可以帮助你搭建起一个财富平台，这个财富平台可以让你有更开阔的视野和更多的投资机会以及同时磨炼出更杰出的创富能力。当你拥有一份固定工作也就是谋生有着的时候，也是你应该开始财富规划和财富起跳的最佳时机。你必须开始思考和训练自己，涉猎和捕捉财富信息，历练你的财富技能，借助于你已经拥有的资本积累进行一场旷日持久的财富大创造。

所以，清晰思考和深刻体味财富和金钱的本质是有益的。金钱至上是一种不

06 财富借力
——让金钱为你打工

健康的价值观,鄙视金钱、不把金钱当回事是另外一种偏颇的价值观。长期以来,学校和家庭都以似是而非的金钱观影响着下一代,在关于金钱的两极化争论之中,正确的金钱心态和适当的财富技巧往往被忽略。正因为如此,金钱问题始终困扰着人们,并加剧着人与人之间的矛盾。树立正确的心态、金钱观和财务、创富技能,对你的幸福人生至关重要。

如何让金钱为你扛起人生中负重长跑的一角?如何让金钱为你打工?如何让金钱在你的财富人生中发挥创造性的作用?经过百多年的近现代社会体制、用工制度的发展磨合和大众创富的经历,人们发现,在创造财富方面,创富的主渠道不外乎有三种,而你的资本可以很好地在这三大途径上发挥效用,给你带来源源不断的丰厚回报。

一、股票和其他有价证券

说起投资创富,股票首当其冲。说起股票,几乎是无人不知、无人不晓。作为常见的投资手段,债券、基金、信托、外汇、保险、黄金、收藏等,林林总总各有拥趸,你熟悉的朋友或是身边的家人各有属意,但大家都熟悉的莫过于股票了。不管有没有亲手交易股票,每个人好像都能讲出一些有关股票赔了赚了的故事。由此可见,股票对于我们的经济生活来说,就像现在的手机——不管你喜欢还是拒绝使用,这东西就是一种绝对存在。

股票因为低投资额、交易方便和变现容易而被大众认可。不管你认为它是一种投资还是一种投机,无论你对股市多么嗤之以鼻和无奈,仍然不能改变"股市造富"这一事实。每年,世界各地的股市在让成千上万的人血本无归的同时,也总能够把其中的佼佼者晋升到百万或千万的致富行列。在十年之中,美国

十倍薪与百倍薪的快意人生

2000—2002年、2007—2009年的两次股市崩盘让无数人失去了半生的积蓄，使数不清的美国人赔掉了他们退休账户中的养老金而不得不延迟退休。2007年在中国的大牛市中，众多的"傻子买，傻子卖"跟风起哄的人因为跟对了时机而在股市中大赚了一把。虽然股市里有关赚钱的故事和赔钱的故事一样轰轰烈烈，甚至赔钱的人更惨烈些，但还是有无数的人想在股市中一试身手和运气。投机和搏一把当然是一些入市者的明显心态，但也有许多人把股市当成一个可以致富的长期耕作的财富田野。股市被看作是社会经济的晴雨表，是市场的前奏，因而也被许多机构当成经久不衰、简而易行的保留性投资渠道。从来没有一个市场像股市这样，对社会机构和大众有着如此卓绝而持久的魅惑力。

首先，作为投资者的一种最快速、最便捷的选择，股市是一种很不错的财富增值工具。说它是财富增值工具，主要是因为它可以用钱生钱，投一个，可以变两个出来——当然也可能打水漂，成为废纸一张。虽然股票被明确地划归为高风险的投资工具，股民们给自己的坚强的投资信心立足于：将任何国家的任何一个股票市场的指数运行曲线找出来，从股票市场开业看起直到今天，它的指数都是一条上行的斜线。所以，人们坚信从长期来看股市一定是上涨的。

其次，股市有着自身的运行规律和运行周期。股市会上涨，也会下跌；本身是一个零和博弈，当有人赚钱的时候就一定有人赔了钱。除了上涨和下跌之外，股市会进行盘整。当然，如果巨大的买气推动股市步步升高到不胜高的地步，那接下来也就离股灾不远了。美国的股市四年一个周期，香港股市六年一轮高低，3～5年股市里会发生几次大大小小剧烈的震荡，大家称之为"股灾"。虽然股市"震荡"看起来不是好事，可是如果股市风平浪静了也就失去了赚钱的机会。正是这种上涨下跌，一些人割肉一些人才能盆满钵满。所以大家知道，要成功地从

06 财富借力
——让金钱为你打工

股市里"淘"到钱并不容易。你至少要耐心地跟随股市 1~2 个完整的循环周期练习"踏浪",还要坚持每天了解财经大事,分析看盘并将心态历练到位。功夫到了,才能够从股市稳定地赚钱。

  无论你觉得股市像赌场也好像战场也好,无论你是爱它还是恨它,如果每年可以从股市上讨回来一半个年薪,积极性和战斗力立刻就能经久不衰。虽然必须面对风险,但未尝不是件好事。相对于投入不是很大的资金,又不需要兼差打工,还有对本职工作影响不大的优势,如果每年真可以赚些钱来何乐而不为?这就是千千万万股市入市者的普遍心理。虽然能够在股市里赚钱的人看起来比在股市里输钱的人要少得多,但依然不能改变人们对股市抱有的殷切期望,依然不能改变股票在全世界范围内被公认为是最大众化、最佳的长期投资工具这一事实。并且,不管股市是牛市还是熊市,每年都有大批的百万富翁在跌宕起伏、追涨杀跌中被制造出来。什么市场可以造就成千上万个百万富翁?答案只有一个,那就是股市。这种神话的示范效应还是以股市特有的裂变式速度,感染了无数个想模仿想发财的人。似乎一踏入股市,平日里看起来信心不足的人,也即刻开始眼光独具、骁勇善战,信心满满地将自己划归为那 10% 的必胜客。

  股市是个零和博弈。对这一点一定要明白的是,它意味着在股市里不挣钱则赔钱,风险大大提高,远不像你拿钱放在银行,就算是货币贬值了,银行承诺给你的利息怎么样都会支付给你的。在股市里,任何人只有 50% 的胜算概率。如果是新手,如果不懂得看上市公司的报表,也不太关心政策与财经,还不会看 K 线,再加上喜欢相信道听途说而不爱自己动脑筋,那么,这样的入市就不啻为"盲人骑瞎马,夜半临深池"了。也就是说,对于在股市赚钱的种种技能性东西一无所知,"驾车看地图",边买边学的新股民进入股市注定会交罚款单的。

任何事情，只有能把握者才能赢。股市里的"八输一平一赚"其实非常接近公司里职务晋升或者是企业生存的比率。如果你用心在做股票，通常会在几年之后大有心得，踏准节拍后你会忽然明白：股市之于你，就像老农之于春种夏收，享受着"间种轮收"的乐趣。"做精一只股，富贵半辈子"，一些精良的股票可以让人十几年、几十年地赚，巴菲特不就是这样的吗？

做一个认真的投资者而不是弄潮儿，你的心态就会发生360度的大回转。你不再斤斤计较，也不再心存恐惧；你将股市看作是一种经济现象的"大自然"，你明白它的周而复始、潮起潮落；你能够辨析什么是投资、什么是投机。你在进行一场精神与财富的战争，你一个人的旷日持久的战争。当你把财富当作目标的时候，必先经历心灵的洗练：知识、悟性、眼光、耐力、勇气、心态、技术、判断、果敢、坚毅……当你最终战胜自我，不贪不惧，像士兵一样严格自律，把财富当成一种事业的时候，你一定属于股票市场里的赢家。

当你用了几年的工夫彻底弄清楚什么是股票投资的时候，基金、债券、信托、期货、外汇等等就非常容易理解和操作了。无论你做哪一种投资，挑选一种适合你的金融产品，坚持做下去。现实中就有很多人，他们每天照常上下班，他们的股票和其他金融产品也每年帮他们赚回一两个年薪。

二、房产投资

"盛世收楼，乱世藏金"，民间理财智慧中对房地产的认可源远流长。黄金作为硬通货是在任何时间、任何地点、任何国家都被公认的，从古到今黄金都是财富的象征。房产是人们日常生活的必需品，也是绝大多数人最大物件的个人投资（富豪投资游艇、飞机不具普遍意义）。它需要占用的资金量比较大，并且实用性

06 财富借力
——让金钱为你打工

非常强,不仅可以居住,还可以出租和充作抵押物。许多人喜欢投资房产是因为它增值性高、抗通胀能力强以及能提供稳定持续的租金回报。虽然遇到不景气的时候房产也会贬值,但是正如人们戏谑的那样:"当股票变成一张废纸的时候,房子还能剩下几幅门框和一堆砖头"。房产,是绝大多数人喜欢和接受的经典财富类型。几乎没有人拒绝房产——只是看接受者能否承受得起房产的继承和维护。可能是房子天然的遮蔽与保护作用,人们仅将其排列为继衣食之后人类活动的第三大不可或缺的生活要素。正因为它是如此重要,房产在许多国家和民族都被人们视为人生在世的最大资产。

生于现代社会,绝大多数人一辈子可能不再会缺吃少穿,但即使最富裕的国家也不能做到人人名下有房产。事实上,你可能不会露宿街头,但是一些人注定一辈子都没有资格将姓名写在房产证上。当然,除了拥有房产,你还是可以选择租房子住。房产的投资价值因此产生,也因此被追捧。

说到房产投资,很明显,是指你应该拥有自住房以外的房产。自住房是你必不可少的生活场所,也是日常的必需消费。用来投资的房产,无论是用来出租收租金也好,还是等着它自然增值也好,总之,这第二套房子能够给你带来金钱上的回报。拥有房产和是否还完贷款是两码事,房屋贷款被很多人用作财务杠杆。没有还完贷款不是那么重要的事情,重要的是有人租你的房子、你能够用收到的房租归还银行的贷款。你自己居住的房屋的大小、好坏、地点优劣当然也有关系,但更重要的是,当你已经拥有一套有点价值的房产的时候,它可以抵押给银行换出更多的资金用于其他项目的投资。

许多国家和城市尤其是繁华的国际大都市,房产都成为奢华品和紧俏品的代名词。通常,人们想拥有一套房产的代价是,踏踏实实地工作 20 年或者更久。

即使是像新加坡这样少有的、在政府"居者有其屋"政策保障下的居民拥屋率高达 92% 的富裕国家，如果想拥有一套最便宜的组屋，至少也需要 15 年的努力才能还完贷款。在另一些房价高企的国家和地区，以人们的收入和房价折算，需要 40 年甚至更长的时间才可以实现拥有房产的梦想。

由此可见，无论你生活在哪个国家的现代化城市，拥有房产，对于受薪一族来说，都不是一个轻易可以实现的美梦，都需要你脚踏实地为之奋斗几十年，正可谓"一处房产，半生心血"。正因为如此，房产投资才成为世界各地的人们一个共同的爱好。因为居住的刚性需求和拥有之不易，大批的城市租房客在挑选适合自己预算的空房。无论是纽约、伦敦，还是香港、上海，抑或是普通的中小城市，还有巴厘岛、普吉岛和金马伦这样的度假之地，就连北海道、瑞士等地的滑雪场旁边，到处都有来自世界各地的租房客和用于出租的套房和房间。

用于出租的房产的投资价值意义重大，因为它可以带来丰厚的现金流——每月的住宅租金或者商铺租金都不是个小数目，除非你居住的城市不够繁华，你出租房的地点不够便利。通常来说，一套在新加坡、香港、伦敦、纽约的住宅租金，常常敌得过一个人每个月的工作收入。以新加坡为例，一套三个房间的公寓租金每月 4 000 新币，一套优质的四房高档面海公寓月租金可以高过 10 000 新币。而一个工作 15 年的中学教师和资深经理也不容易拿到每月上万的薪水。同样，北京、上海和日本、韩国的一些中心城市房子的租金也非常高，这导致许多城市高薪白领的最大开支项目就是房租。

房屋价格的高企和房源的不足催生了房产的投资和投机。"炒房"是一种房屋紧俏时期的短期持有和转手行为，包括炒楼花和一房多次转让这种投机。而持有房产五年以上的为长期投资。投机行为加剧了房屋消费者的负担，也引发了社

06 财富借力
——让金钱为你打工

会矛盾和加剧贫富不均的问题。各个国家对于住房这种涉及民生的问题都十分关注和相当谨慎，房屋政策的制定都十分棘手，限制房价会干涉经济运行和影响国家税收，不限制房价又会导致投机加剧、引发民怨。纵观中国香港、中国内地和新加坡等地这几年出台的房屋限购政策，对于整体市场价格的控制和影响作用都是非常有限的。

房产的运行周期与一个国家的经济、人口和发展政策密切相关。它的运行周期就像股票一样有一定的规律，价格的上下起伏和持续时间可以从以往的资料中读取。香港、新加坡、美国、澳大利亚等地的房产都有迹可循。中国30多年来的经济发展是从计划经济到市场经济的逐渐过渡，由于经济转型与城市化的逐步推进和国家不断出台的调控政策，房产市场规律性、周期性的研究总结有待细化和加深。如果进入市场的时机不合适，房产投资和股票投资一样会被"钉在天花板上"，造成时间上的浪费和资金大量占压，甚至变成"负资产"。

比如，1997年的亚洲金融危机在香港就逼出了很多房产"负翁"，而从2005年以后的新、港两地和中国内地的房地产市场来看，不足十年的时间里市场飞涨了两倍以上。不同的进场时间和地域对于房产投资者的影响甚为显著，一些热点地区的潜力项目甚至暴涨五倍以上，而一些冷僻地区和地点也可能多年不见动静，比如香港的黄金地区和冷僻地区价差可达十倍以上。许多成功的房产投资者皆是看准时机"以房致富"而搭上了财富的顺风车。

用做投资的房产，地点、功能和设施成为决定房价的首选因素而非面积大小。黄金地点的房产具备永久投资价值。最有价值的房产投资当然属于那些地点好、设施全、管理到位、资金回流快的项目。所有的房子都可以遮风避雨，但是，并不是所有的房产都能带钱回来。需要特别注意的是，作为个人度假专用的郊区"二房",须谨慎考虑其投资效益。如果仅仅是自用而非出租,一些郊区别墅的利用价值十分有限而且昂贵;如遇转手困难、土地增值缓慢,每年还要付出维持费,是否有回报都需要认真考量。那些不能带钱进来而只是你自己付出管理费、维修费和地产税的,相当于你又买了座房子而已;在它变成多于你付出的金钱之前,我们只能说,它是更大的负担——只有投入,没有产出。没有回报的房产只是"填坑"——只会占压资金消耗你的财富,如果有贷款还有可能变成你的"负资产"。

现在住在繁华的大都市里,多的是"房子为人打工",好房子的价值在于"比人挣钱多"。那么,怎么去寻找带来高回报的"好房子"呢?

如果你稍稍留意一下就会发现,房分三六九等,一分价钱一分货。首先,"位置、位置、位置"这个房地产的金科玉律意味着,决定房产价格的重中之重是房产所在的位置。优越的地理位置是房产投资的上选,位置选对了,等于投资成功了一半;因位置的不同带来的巨大的租金落差是房产回报诸多因素中的硬指标。

第二,设施。如果你要投资的房产周边餐馆、超市、洗衣、美发等各种生活必需与服务设施都近在咫尺,公交或者地铁站步行几分钟可及,学校、医院在20～30分钟车程内的,便属于设施齐备、生活便利的投资上选地区。便利的设施是房产投资回报高附加值的重要因素。

第三,房屋的结构设计、装修配置和居住环境、风水因素。实用、舒适、美观和没有忌讳,是房产投资回报中的另一些"增减值"因素:所有的讨价还价80%都集中在这些方面,加分还是减分,就看个案的受检视程度。

房屋的价格不是越低越好。冷僻不便的地点也许远远落在市场后边无人问

06 财富借力
——让金钱为你打工

津。在房产顶峰时期买进的房屋和波谷时期买进的房屋价差一倍甚至更多。不恰当的买入可能意味着你在相当长的周期里根本赚不到钱，或者比成功的投资者少赚至少 20%～50% 的钱，更或者是买入即为负债。你需要借助多方面的知识和信息，使自己绕过"投资陷阱"以赚取丰厚的回报。

对于大多数人来说，房产的投资是一辈子最大的投资，所以，作为投资而非居住的房产，在看地看价的时候就需要特别小心。在投资之前，一定要多做一些功课，包括所投资地区的前十年价格走势与后十年发展规划、周边三公里内的设施分析、主要的交通状况、租金回报和租户对象以及自己的投资目标和财务安排。如果你认真准备这些细节，经纪人就是巧舌如簧，你也会坚持自己的立场，而当你自己没主意的时候，往往就成为售楼员倾销的"空口袋"，人家怎样讲你就怎样信、怎样往里装。

原则上是这样，但是，看房和买房不是一件容易的事。如果你有过为挑选一处中意的房产而到处奔波的经历，就会同意我的看法：选一套各方面都满意的房产还真得等时机、碰运气。看房，依赖于一个人的财力、判断力、审美力、想象力和控制力等多种素质，并非走走看看那样轻松。而投资房产更为难得的是，不仅要从自己的视角看房子，还要能够揣摩租户的心态，选择那些能够让租户一眼看到就两眼发光、愿意付房租的房产。

第一看地段，第二看设施，第三看交通，第四看居住环境，第五看建筑材料、厨卫设施的品质品牌。综合这些因素，以质论价。作为出租的房产有一个投资规则：一分价钱一分货。世界各地大都市里的优质公寓，针对外国租户都可以定出极高的租金标准，其业主在购入时房屋的价格及装修、维护费用也不会低。普通住宅最好的租金也是"普通价格"，这都是合乎逻辑的。

投资房产小贴士：

1. 作为投资的房产，面积小的出租率高；一室一厅、两室一厅最为抢手，三室、四室适合面向家庭出租，再大的要找豪客或自住。无论在买进的时候、寻找租户的时候，还是转手的时候，小户型都快于大户型。

2. 毗邻地铁、名校、大写字楼、购物中心，以及拥有湖、河、山、林、园等风景的产业，都会有加分和溢价。

3. 注意风水。不要选择太临近医院、加油站、天然气储气罐，直对大马路，有高楼阻挡光线、强反射光、死水坑等的地方，因为这些所谓风水不好的地方本身都是环境有缺陷不宜居住的地方。

4. 选楼要亲自进入室内看过再定，买现房好过买期房。

5. 计算租金、维持的费用，安排财务，用租金养房子是不错的选择。

6. 房产投资的周期通常为2～10年或更长，为长期投资，变现需要一定时间。

在过去20年间，假设你随着亚洲经济成长一同进入房市，你会在1997年和2008年遇到两次大的地产调整。如果你在临近调整之前入市有可能买在高点上；如果你在调整以后入场，一些房产项目可以让你轻易赚到2～3倍的价差。在未来20年，如果你留心城市规划、人口发展及房产政策，再或者你做某类的投资主题，比如外商、教育、白领、留学生等等，那么，租房赚钱也不是问题。

当你成功投资第一套房产以后几年，你就会有第二套；当你熟练投资住宅之后，你就会开始对商业地产有兴趣。有那么一天，你会发现投资地产带给你的是一个涉及经济、法律、金融、设计、环境、美学、人际、社会等全方位的历练。学会投资和管理房产，是个受益无穷的嗜好，因为它能够带给你的，不仅仅是几套房子，而是源源不断的财源和可以留传后代的家产。

三、投资或经营企业

30年前，谁要说去创业，大家会觉得他不是疯子就是傻子，反正是大公司不要的那种人；今天，谁要说去创业，大家会觉得他有个性有胆量，是不要大公司的那种人。风水轮流转，环境在变，人的观念也在变；社会发展日新月异，人们接受新事物的速度也越来越快、越来越普遍。问问今天的年轻人，有几个不想当老板，谁心里没有过创业梦？

为什么要创业？位居前三的答案一是客观上的求职难，二是主观上的放飞自我，第三就是赚钱争取尽早获得财务自由。人生一世，草木一秋，有谁不想过好日子？谁不羡慕乔布斯？谁不想成为车库里走出来的比尔·盖茨？时代不同了，社会环境的宽松，人们思想意识的开放，经济和商业模式的推陈出新，运输和支付方式的便利、快捷、完备，一切的一切都为现代人准备好了从来没有过的最适合商品经济发展的条件和氛围。

当3G手机变成了电子钱包，当鼠标轻轻点过万类物品，当不出家门世界各地的产品都可以自动上门的时候，当在任何公共场合都能免费轻松享受WF-FI的时候，就不是大公司提不提供长期工作合约的问题了，而是人们愿不愿意接受一份绑定终身的"永久卖身契"的考虑了。一辈子忠诚雇主，从来不提个人要求的时代已经远去了，人们越来越关心的是一个符合自身考量的阶段性生涯计划。过去十年里，谁没有听过、议论过、想到过创业那才叫跟不上潮流呢。

创业，说起来豪迈，听上去令人激动。常常就有一些鼓励人们创业的文章见诸报端，洋洋洒洒15个要点、详详细细28条铁律。不用说，写这样文章的人本身都是热血沸腾的，读的人当然也跟着心动。毋庸讳言，创业不仅是时代大潮下的择业新思路，也是完善自我追求财富的一条有效途径。一个人闯荡了一次商海，就像在战场上打过一次胜仗一样，收获的是一个完整真实的过程。

有人认为，在现在经济衰退、就业下滑的情况下，年轻人应该勇敢地接受挑战，自己解决就业问题，创业经商。这种倡导虽然指出了一个方向，也鼓励大家自谋出路，减轻政府的就业压力，但是创业并非适合所有的人，尤其是刚走出校门的大学生。对于有过职场经历又懂市场脉搏的人来说，创业不仅是一种出路、一种创富，还是一种激发自由创意和建功立业的有效途径；而对于刚刚毕业的学生来说，许多人连社会、人生、市场的"北"还没找到，即便是怀有一腔热血，又有几人能够像比尔·盖茨一样，将商业点子成功地转换成簇新的钞票呢？作为尝试和体验是可行的，作为谋生之道，他们应该在积累一定的社会经验和工作技能之后再进行创业实践。

虽然比尔·盖茨也属于"大学生创业"，但是这个成功案例很显然激励作用大大高于它的效仿可能。对于绝大多数人来说，要想创业，并非头脑一热就可以直奔主题，"填饱肚子的绝不是最后那口饭"，你还需要有一个相当的过程作为铺垫和过渡。据统计，25岁前创业的失败率是50～65岁的两倍。之所以这样说，是因为人们成功创新的精神和信心需要呵护，由于准备不当造成的失败是应当避免的。所以我们提倡大学生在有几年工作实践后再行创业，而不是一出校门就去开店摆摊儿。在有一些经验和资金之后，创业之路既可以走得更容易，还能够走得更长远。

非常有意思的一个现象是，在创业领域，两类人特别容易成功：一类是在单位里发展得比较好的那类，另一类刚好相反，是经历不太顺的那类。而中游人士

06 财富借力
——让金钱为你打工

基本上比较安定。

创业需要奋起，需要下定决心和背水一战。没有激情、没有胆略、没有想法、吃不了苦、遇到挫折就趴下的人创不了业，日子过得悠闲太平的人也创不了业。所以，许多胸怀壮志、怀才不遇、志大难纾、走投无路的人白手起家、拼死一搏就做成了，而另一些踌躇满志、志得意满的创业者，有许多却虎头蛇尾草草收兵。为什么呢？这可能是因为一个简单朴素的道理：生存至上，哀兵必胜。只有强烈的求生、求胜意愿才能战胜前程的命途多舛，并能耐得住九曲十八弯。所以我们看到的福布斯排行榜前100名，绝大多数是白手起家并且少有"春风得意马蹄疾"的，那些含着银匙出生并且家大业大的，很多人中了"富不过三代"的魔咒，一语成谶，守不住财富。

理解了这些就比较容易同意这种说法：创业并非人人可行。如果被这个障碍先吓退了，回心转意老老实实做好本职工作，不存非分之想，对雇主、对自身都未必不是一件好事。毕竟，社会除了需要领兵带队的公司老板之外，更需要兢兢业业、踏实肯干的好员工。商业团队的分工合作和默契配合，是企业成功运转的基础，没有员工的企业注定做不大。

面对重重困难依然故我，要闯荡要奋斗的就属于那些比较较真儿、能折腾、有激情、有想法，并且常常具有一技之长、确实想拼一把的人。如果你是喜欢琢磨事儿，智商、情商都高过你的老板，不太容易服输、总想一试身手的那类人，那还是赶紧出来吧。如果你从无职业而一下子想自创门户，可能性也有，但成功率不高，因为真正想创业的人，一般不是找不到工作的人，而是不安于现状的人。

有人说，成为企业家的人都是天生的。这种说法有点先验论的色彩。无论艺

十倍薪与百倍薪的快意人生

术家和企业家都不是天生的,后天成长过程中的影响和磨砺都有很大的作用。"王侯将相宁有种乎"是一种求变的突破性思维。一个想要创业的人,通常是胸怀着多年梦想的人,他可以做着最低阶的工作,但同时一定怀着远大的抱负;一个想要创业的人,常常又是一个爱思考爱琢磨事儿的人,他可以不在重要的职位上,但不影响他对于时局的观察和判断;一个想要创业的人,又是个执著和认真的人,他喜欢承担、敢于负责,他能够继续寻找到更好的方式和方法,善于创造出更大的价值,他的远见卓识、胆略气魄、奉献牺牲和冒险精神都是超乎常人的,是根植于血液中的一种基因。有没有企业家精神是能否创业的决定性因素——有可能这种潜质在刚开始的时候表现得不是那么明显。

之所以创业和拥有企业被视为财富积累的首选法则,那是因为在所有种类的财富创造里面,只有经营企业是可以直接创造价值的。也就是说,生产和服务类的经营直接地产生源源不断的利润,只要生产和服务活动持续,利润就像地里的庄稼一样一茬接一茬不断地被制造出来。这明显有别于股票和金融衍生品的性质,它们不能直接产生价值,而是一种集合行为带来的附加价值。一些源远流长的家族企业、世界500强企业和大公司的造富能力是大家都耳熟能详的。

创业者做企业主可以创造利润,投资者也可以通过持有企业的股份,从而获得企业的利润和价值。不管是哪一种方式,都是积累财富的一个最重要和最有效的渠道。在世界富豪榜上富豪们的职业身份中,企业家的人数占绝对优势,排在第二位的是医生和律师。

创业和拥有企业当然给人带来莫大的荣誉和成就,但也是一种压力颇大的生存游戏。企业家不仅要有创意,有一般人不具备的坚忍不拔,耐得住寂寞,不轻易放弃,也要顶得住压力,经得起竞争和淘汰。你知道企业的三年夭折期和五年

06 财富借力
——让金钱为你打工

生存期吗？你清楚做企业是一种年复一年70%的淘汰赛吗？你了解生存下来的优质企业又是怎样死亡消失的吗？你知道怎样保持竞争力和持续发展吗？你懂法吗？你知道"老板"是忍辱负重的最大的打工仔吗？你知道企业开始于创富终将走向回馈、奉献吗？如果你有所认识又已经身体力行，那么，欢迎你加入拓荒者的行列，你将从这里开始和完善作为一名企业家的一生：

从一个领薪水的人到一个给别人发薪水的人；

从一个做好本职工作的人到拓展全局的人；

从一个懂得身边事情的人到一个具备行业知识和国际视野的人；

从一个独善其身的人到一个造福社会的人……

或许在开始创业的时候许多人想的只是解决自身生存的问题，想的只是小富即安，从两三个雇员到为社会创造几十几百成千上万的工作机会，从为家小谋幸福到肩负社会责任，开拓创新、独力承重的企业家多少年走下来，在为自己的梦想奋斗的同时，也成为奉献社会的令人尊敬的财富缔造者。

07

创业和创富：让财富裂变式增长

　　几乎每一个上班族都曾经拥有一个绚丽的梦想，希望有朝一日成为企业的主人，创办一家属于自己的公司。随着现代社会的巨变，首先是由于社会转型而带来的用工关系的改变改写了终身雇佣的模式，其次是人们逐渐接受合约工作以及适应它的灵活性，解除了终身捆绑之后，人们的就业观念也随之发生了巨大改变。社会经济的高速发展和开办企业的门槛降低以及越来越便利的经商条件，都促使越来越多的人开始思考创业，在有生之年更好地安排自己的工作和生活，施展抱负，同时一圆自己的实业梦。

　　创立和拥有自己的企业，在过去，大家多侧重于创业者的个人雄心和抱负施展这一方面。从财富的聚集方面来说，它也是迄今为止公认的最悠久、最有效的造富手段。根据对福布斯榜上的有关世界巨富的统计，富豪中多数人的职业为拥有企业的企业主。在其他的职业领域，当然也涌现了数以千万计的亿万富翁，但是，但凡超级富豪，无不来源于创办和拥有企业。道理很简单，只有蓬勃发展的

07 创业和创富：让财富裂变式增长

盈利良好的企业，才能提供持续的、源源不断的利润收入，使财富得以裂变式增长。超大规模的国际型企业和它们的全球网络，以及企业的上市策略，使这些企业富可敌国，成为财富领域的航空母舰。

企业，是一个关于财富创造的真正神话和传说，这个神话和传说源远流长并不断地改写和刷新着历史。生命有限，创造无限，只要人类和商业社会存在，商业模式和盈利模式还将不断地推陈出新。之所以千百年来人们对创业经商锲而不舍，那是因为再也找不到另外一种方式可以很好地将人类的生存基础、生活目标、兴趣爱好、理想抱负以成就感和高附加值的方式融入工作和创造，换得必要的物质收获和精神愉悦。那么，人们究竟为什么迷恋创业呢？

一、财务自由及心灵的释放

通常，人们创业的起点是"养家糊口"或者"成就梦想"，是从经济的和自主的角度来通盘考虑生计、收入或自由度的关系。绝大多数的创业者是"从钱出发"，有一种生存的压力和责任来试图改变不甚满意的生活。在开始的时候往往并没有一大堆奢望和复杂的思想，当现实改变了以后，才会在进一步打开的眼界和提升的思维中高屋建瓴地发展出更具统领意义的使命感和开发更大的价值。

从现实出发的养家糊口到财务独立，再到人人期盼的财务自由，很多人需要脚踏实地地奋斗一二十年才能实现。到目前为止，人们渴望将退休的最早年龄定为40岁（厄尼：《40岁开始考虑退休》）。也就是说，无论多么心急，人们也都清楚，没有20年的工作和积蓄，所谓的提前退休只是实现不了的"镜中花"——退休是需要有最低的生活保障的。这种保障后来被延伸和发展为更高境界的"财务自由"——一种不需要工作就可以获得源源不断的资金支持下的自由

115

自在的人生，"不工作而有钱花"是一种普世的解读。

从"不劳动者不得食"这一社会公理跳跃到"不工作而有钱花"，这种"想得美"的念头不仅没有被扼杀而且被无数梦想家发扬光大，经过各国上百位经济学家、心理学家、理财专家和培训师几十年不断地推波助澜，罗伯特·清崎终于将"财务自由"的体系隆重推出并自圆其说，探索出了如何实现财务自由的路子。2000年后，有关创业和财务自由的思维成为一种革命性的思维，被人们推崇并力行。

被打工族视为翻身性的革命行为就是，忽然有那么一天云开日出地改换门庭当家做主，从领薪水的人摇身一变成为发薪水的人。的确，这是一种根本性的改变，一种有决定意义的身份倒换。

过去，人们考虑创业的第一要素是养家糊口、经济独立，没有合适的工作、找不到工作和工作不称心是重要原因。不创业没出路，创业很多时候是一种无奈的选择。2000年以后，随着互联网的蓬勃兴盛，"触网"的新兴商业模式大大地改变了人群消费模式以及带动传统商业行为的改观——商业场地的突破、商业成本的降低、商业人群的扩容、商业疆界的拓宽，以及各个国家因为互联网的冲击而大大放低的创业门槛，下海经商自立门户蔚然成风。

创业，在过去是人们经济翻身的一种梦想，在今天是人们自我伸张、价值追求的一种表现。与其一辈子受制于人、辛苦劳作而财务不能独立，不如发掘潜力、寻求突破，让理想起飞实现自我。尤其是现如今人们的受教育程度普遍提高，社会宽容度也大大提升，基于现代社会快速发展所带来的各种各样的新需求也亟须大量新职业填充。在种种机遇下，新需求给社会带来了无限商机，原有的用工体制和工作岗位不能满足社会需求，这就给全社会创业提供了合适的土壤和

07 创业和创富：让财富裂变式增长

春风一般的推动力。

仅仅数十年，当前的创业已经脱离原先仅仅为谋生和赚钱的朴素愿望，延伸到现代人为张扬个性、实现自我、追逐人生全面价值的一个显著渠道和途径，过去严肃的职业观被代之以实用、奔放的职业自由化倾向。创业能够给人们带来的已经不仅仅是实现美好生活目标的财务自由了，还包括现代人所追逐的时间自由、人身自由、精神自由、创意自由等多方位的意识和追求。

一些优秀的大学生一毕业就拒绝大公司的邀请，开始自主创业的漫漫人生路；许许多多工作多年的职场精英也毫不犹豫地毅然放弃多年的打拼而转换跑道，做自己此生最想做的事情；家庭主妇因擅长烘焙和编织而被发掘成为店主；"淘宝"最简单的网店培养出了成千上万的企业家。综合来看，现在的人们虽然需要经济考量但更加注重心灵的释放，而不仅仅是追求财务成长。当然，商业的根本还是构筑于利润之上，自由的经营带来的财务自由对于创业者来说，仍然是最最重要和梦寐以求的，因为人生的很多其他自由到头来还必须建立在财务自由的基础上。如果经济上不能独立，财务上不能支撑生活，随心所欲就会变成昙花一现，过不了多久人们还是要重返打工身份的。

二、黄金贵族：时间与金钱的主人

过去人们打工，朝九晚五，穿制服，受约束，一辈子供职一家公司，有一份养家糊口的薪水，有一个可靠的慢慢熬出来的未来，就已经感觉不错了。现在，不要讲大公司，就是自家现成的家族企业，人们在选择职业的时候首先想到的是自己喜不喜欢入这一行。很多老字号的作坊关门结业，很多传统的手艺因后继无人而失传。无论是现代公司还是家族企业，发现人、培养人都已成为不能掉以轻心的头等大事。

薪水很重要，幸福价更高。注重自我发展的现代人追求的是怎样才能完善自我、实现自我价值。虽然国际大公司的品牌、声誉和待遇都令很多人羡慕，但是，也有越来越多的人放弃了对这些带着光环的头衔的追逐，从高级写字楼下到自己家的车库和小门面，专注于自己的一个领域，做起小老板，一圆创业梦。

对于创业的人来说，在商言商虽然一定要讲金钱的回报，但是主动创业的人更讲求符合自我价值观来实施事业定位和管理风格。他们或许靠特长设计出别具一格的商业模式，或者申请了品牌和专利，或许以小众人群的格局对垒传统的商业经营。他们也许不喜欢早早地开店，或许只需要每周做三四天，更或许把自己的业余爱好看得比生意还重要。总之，自主创业的人除了刻苦努力之外，通常还会加上一份独到的创意或者独特的个人风格和想法。他们不仅仅要求所付出的心血和精力带回丰盛的价值回报，他们中的许多人还希望能够做时间和金钱的主人，在创意、管理、目标、风格等多个方面缔造出独一份的商业理念和商业模式。这种特立独行天马行空的感觉和显著目标的达成，成为目前人们羡慕那些创业成功的人士的一个重要原因。说实话，都是工作和赚钱，谁喜欢被捆绑约束？有谁不喜欢自由随心地工作和赚钱？

三、造富机器："印钞机"

不可否认，除了极个别的行业、职位和特殊情形，如专利发明、版税收入和某些行业高管之外，拥有企业的企业主们仍然是目前最能创富的人。全球最富的各种富豪排行榜上，企业主和拥有企业股份的人占据一半席位，医生、律师、高管和其他专业人士分担另外一半席位。而在更高等级的财富数值范围里，比如亿

07 创业和创富：让财富裂变式增长

万富豪的统计中，企业主更是占据了压倒性地位。大型、超大型国际公司和全球企业的估值常常富可敌国，一些公司如苹果公司的市值超越几十个国家 GDP 的总和。一些国际大企业的 CEO 的年薪常常高达几百万上千万美金；一些公司即使不是那么大规模的 IPO 和债券发行，也常常数以亿计。这些财力雄厚的国际大公司和一些重量级亿万富翁的活动和言行常常对一定范围的经济和人群产生重大影响；很多龙头企业和资本大鳄们无论所创造的经济效益还是提供的就业机会、贡献的税收都令民众及一些政府部门、地方机构不容小觑。对于每年有着千百万收入的企业主来说，他们的公司就是他们的"印钞机"。你再也找不到一种可以和创办公司相媲美的、使财富快速增值的方式了。当投资回报率达到一个不错的数字——通常是 10% 以上，再假以时日，你就可以看到惊人的财富裂变式的成长。

四、创业是一种全面精深的学习和再创造

人生中重要的两个方面就是工作和生活。工作方面只有两个朝向，一个为人打工，一个自己养活自己。做一个企业主就等于自己掌握自己的一生，不仅仅要自己解决自己的吃喝，还要负起责任考虑企业的生存和盈利，考虑员工的组织和管理，考虑行业的竞争和持续发展。在塑造企业的过程中，企业主也在实实在在地重塑着自己的人生，没有人保证他的成败，也没有人解决他面临的大大小小的难题。不管他当初是为什么下海经商开办企业的，只要他开业了，他就是这个企业的"全能"和"多面手"了，他是这个企业最大的"打工仔"和"不管部部长"——别人不管的、做不了的全是他的，谁让你是老板呢？

所以，就从这一点上说，开办企业所经历的绝不是各司其职的打工仔可以相

119

十倍薪与百倍薪的快意人生

提并论的。如果你真的想多学习和体会一些东西，那就创业吧。创业是人生中一种最好的也是最艰苦的学习。因为在现实中，你需要解决太多太多书本上学不到、生活中没人教、各种理论和常识都无法解释的问题，你需要"摸着石头过河"和"硬着头皮闯天下"。创业的过程也是你人生一个难得的磨砺、完善和提高的过程。

创办企业所带给企业家的不仅仅是金钱上的回报，还有能力的全面提升和人格的升华。无可否认，在企业创办初期，很多小企业主是因为走投无路找不到工作才自己解决生存和出路问题的；即便是现在的自主创业，也同样要求你首先有担当的精神，要为自己负责，解决自己面临的所有问题。在企业刚开始的时候，无论谁都有个生存、盈利和再投入、再生产的过程。一旦企业上了轨道，小企业主无论主动还是被动都需要扩大再生产和雇用帮手，也就是说，他主动或者被动地为社会创造了就业机会。有了员工，企业主就有了管理和技能分享，他还应该按时支付员工的薪水和提供多多少少的一些福利。这些，都让你产生"当家做主"的主人翁意识和责任感。

在现实中经营的大大小小的公司都不等同于文艺作品中的劳资关系。现实中更多的是协议、信誉和共存共荣，劳资之间是一个巴掌的两面，谁离了谁都玩不转。所以，现实中的雇佣关系更为实际和更融洽一些。不仅仅是雇主，即便是雇员，也都会因为曾经的共事而有情感上的联系和共同的归属感。当企业做大到一定程度，从雇员的人数和纳税的数值以及对社会的引领和回馈等方方面面都体现着企业与社会的关联和共享、责任和贡献、荣誉和成就。凡此种种，都是一般人难得体验的精彩经历，是一个企业家的骄傲和魅力，也是企业家最宝贵的资产。企业家精神和他创造的社会价值，都是服务社会和推动社会前进的、和其他精神文化遗产一样宝贵的社会财富的一部分。而这方面的创造和体验，只有你成为大大小小的企业家的时候才能逐步体会。

因此，我们说，当企业家为社会创造无限价值的时候，他同时也把自己锻造成了无与伦比的社会瑰宝。我们的社会就是由无以计数的人共同创造的精神财富和物质财富推动前进的。企业家和科学家、艺术家一样是我们社会不可或缺的，只不过他们创造出来的，更多的是为我们提供日常生活所需的生产和消费品等生活保障类的东西。正因为许许多多的企业家就生活在我们周围，他们看起来就像邻居一样平常和平实，我们也就像享受空气和阳光一样享受着企业家们在我们生活中的各种各样的贡献。

08 财富的层次

至此，我们已经基本上了解了一个人从年轻时候开始的积蓄、投资对他建立财富人生的价值和意义，及早设定人生目标和开始投资行动对人的一生成功积累财富、保障高品质生活有显著的影响。那么，下一个问题是，究竟拥有多少才算富呢？是否有一个可以衡量、把握和实现的财富标准呢？事实上，根本不存在一个人人都认同的财富标准。常见的回答有两个，一个是笼统的回答："够花就好"，另一个是更没边际的回答："多多益善"。如果是这样的话，实际上还是没有对这个人人关心的问题做出切实的回答。

事实上，拥有财富的程度与人们生活的舒适程度之间有一种正相关。拥有可以保证生活品质的物质基础，是实现人生幸福的前提条件。在一定程度上，财富的增长可以带来幸福度的增加，但是当收入升高到一定程度的时候，这个作用就消失了。也就是说，财富增长到满足人的全面要求之后，对于幸福度的提升就没有作用了。如果这个交界点的标志是富裕的话，那么，它不失为一个可以作为参

08 财富的层次

考的奋斗目标。在获得了稳定的工作和收入以后，一定阶段内，成倍地提升收入的数额对于生活满意度和人生幸福度的提升有着极大的推动。

以下的几个阶段性薪金倍数或许可以让对财富感觉不清楚的年轻人有一种定位性的启发：你的财富层次决定着你的生活方式，决定着你生活的舒适度和自由度；在金钱成为负担之前，它都会帮助你建立和提升幸福感。

我们以薪金的倍数作为参照，将财富的层次划分为四个感觉标杆：

一、三倍薪——什么叫宽松

无论你生活在哪个国家哪个社会，都有一种你熟悉的行为叫"攀比"。攀比是人所具有的一种心理，大多数人认为这是一个贬义词，但是生活在社会群体中的人们无法逃脱与人比或被人比。攀比也不是一点好处都没有，它可以让你产生一种动力去达到同别人一样的水准和状态。人类社会中的很多事情是比出来的，谁比谁长得漂亮，谁比谁受欢迎，谁比谁更贫穷，谁比谁更幸福。如果完全没有比较的话，可能也就少了一种动力而发展缓慢。

当赚钱比人多的时候，很多人的幸福感就会像潮水一样慢慢涌起，悄无声息地滋润心田，尤其是当同辈们拿着一份死死的薪水而你多赚了那么三五倍的时候。财富不仅可以带来世俗的快乐，而且可以决定现代社会中人的生活水准和消费档次，还可以挑动人的羡慕嫉妒恨，让很多人对拥有财富的人另眼相看。仰视里面又包含着复杂的情感，爱富和仇富相互掺杂，使富裕者产生胜利的快感之后又遭唾骂；但是当人们的财务改善、升级到富裕人士之列以后，他们先前的立场又会转变。

在你拥有一份稳定的工作之后，跟你的同事一样每个月会准时地收到一份薪

十倍薪与百倍薪的快意人生

水。这份薪水保障你的生活，对你的生活方式也有着某种程度的决定作用。毕竟在我们生存的社会里金钱还是一种通用的派司——柴米油盐、衣食住行全部以支付金钱的方式获得，无论你拥有什么——学历、教养、品位、气质、名声、地位，都得用金钱来支付账单。虽然有钱说话不一定大声，但若囊中羞涩自己也会觉得没底气。辛苦工作一个月后，领来的那份薪水在除去餐食、通信、交通之后就感到它的微薄：得给妈妈一点买菜钱，自己想要一个新式手机，还需要带女朋友下饭馆，干什么都得掂量着花。很多人时常感慨："要是能够翻一番就好了！"

多出一倍的收入并非不可能——如果能达到同辈的三倍那就更好。不要说多出一倍、三倍薪水，即便是多出几百块也马上会让人产生宽松感和愉悦感，并且能让很多人大大地松口气。假如伸手就能够摘到枝头的苹果，那么，用力跳一下摘一个又大又红的苹果要不要试试呢？三倍薪，就像需要用力跳一下摘到的红苹果，一个不是很难但是可以实现的、令你在一段时间里非常欣悦的属于个人的数字，一架令你在一生中提前起飞的财富滑翔机。如果在最初起步的几年里，你尝试并且实现的话，那么你就踏上了人生的第一个财富台阶。

怎样来实现三倍薪呢？这里有许多人都以他们出其不意的方式采摘到了他们人生中的第一个"红苹果"：

小全是一个电视记者，也是一个基金迷。他定期、持续地购买基金。他的目标非常明确，收益回报控制在10%～15%左右。他非常高兴地说，他每年从投资市场都可以拿回一个以上的年薪。除此之外，他还以在媒体工作的技术特长，在业余时间帮人拍摄婚礼录像和广告片，红包和外快收入就抵得上一份薪水了。

王小姐初入股市的时候只有1.6万元的本金。那个时候她是第一批股民中的一个。入市三年后，在中国股市疯狂成长的阶段，她赚到了50多万元。这笔远

08 财富的层次

远高于当时工资不知多少倍的钱后来成为她的创业基金,她用它开办了自己的第一家公司。

紫杉在大学工作的第二年就出版了她的第一本学术专著,仅稿费就是当时月薪的 13 倍。在以后十年里出版的三本书不仅让她的人生迈上了一个新台阶,获得了职务的快速晋升,而且收入也高出同龄人一截。她说,那相当于工资 13 倍的稿酬,大大缓解了刚刚步入社会前几年那种普遍的捉襟见肘的窘地,而早早的成功所带来的快感更使她步入一个良性发展的职业轨道。与同龄人相比,她的人生和财务目标也提前十年得以实现。

通常,按照常规你需要在工作中勤勉努力,然后会按照资历和表现获得提拔和加薪,而根据表现不同每年加薪幅度大概在 3％～10％之间。大约在工作五年以后,那些表现良好的骨干员工大致上可以得到相当于起步薪金两倍左右的年收入,但是这部分幸运者不会太多,只是公司里的佼佼者。如果你的工作表现停留在一般的状态,那么,不用再想很多,赶紧从投资方面来进行突破吧。用你储蓄的可以用于投资的基金进行投资,买基金、股票和信托产品或者是投资于你拿手的其他渠道,争取每年收获 8％～15％的投资回报。让你的钱先转起来。如果你已经涉足房产,哪怕只是分租你隔壁的空房间,转租的差价也可以轻易地让你赚回半个月的工资。当然,如果你有朋友先行一步投资了生意的话,那么入些股,每年赚回来一份分红也不错。

不管怎样,如果你能够在你人生的第一个十年里,调动自己的积极性开发自己的潜力,借助于你储蓄的第一桶金和你的人际网络,增加收入渠道让你的收入实现倍增。当你收获数倍收入的时候,你会明显地感到手头的宽裕和心中的甜蜜和自豪。它不仅提高了生活品质还增强了成就感。三倍薪通常很容易在你工作了几年之后，对一些事情有了心得后实现。三倍薪虽然不会使你大富大贵，却可以使你的生活相对地宽松和舒服，从而摆脱那种天天手紧被饿狼追赶的感觉。更为重要的是，在你人生出道的第一个阶段所达成的这个坚实的财务目标，使你在一开始的时候就出类拔萃占尽先机。只要你保持这种状态，即可保障你的财务处于安全和领先地带。

许多勇于尝试的人都在他们的20多岁、30来岁时从各种各样的市场上收获了他们的第一桶金，很多人创造的数字远远高于他们起步薪水的三倍。所以，开动脑筋，想想什么是你喜爱的和能去钻研的，大胆去尝试，找出那个可以获利的适合自己的项目，让它成为点亮你人生的第一个亮点。三倍薪不是什么很高的要求，开发一下你的财富潜力，你就知道你其实拥有的能量非常惊人。很多人之所以一直处于表现平平的生命状态，那只是因为他们从来不曾了解自己和发掘自己，他们不曾发挥自己的天赋和特长，也不曾正视和思考金钱问题而已。

二、五倍薪——什么叫舒适

如果你已经有了前十年职场打拼和投资领域的双重耕耘的话，你就会同意我的说法：在职场上成功地提升薪酬三到五倍是远比在投资领域提高回报更困难的一件事。这是因为职场上的行政管理和工资体系不是针对你一个人而设定的，那是相对于大众的一个公平的价值体系。首先，所有因为优异表现而提升职位、增加薪水的人必然只是少数；其次，得到加薪的幅度也不可能太高。表现优异得到加薪的人数通常不会超过员工比例的20％，在一定人数的固定的职员中进入前20％意味着你确实表现不俗并且在人际关系、运气和机遇等各个方面都保持平顺和谐，而加薪幅度太大反而会引发更多的问题。现实中也不乏这样的事例，或许

08 财富的层次

你已经很优秀了，只因为前面排着一个资历比你老的职员，你就几年无法逾越擢升这道屏障。相信许多人都曾经遭遇过类似的不如愿的事情，与臆想中的成功失之交臂。

升职加薪是所有职场人士的期望，自然也就成为所有人关注和竞争的焦点，因而"向上爬"的升迁之路其难易程度可想而知。无论你自身多么努力，毕竟有许多外在因素会影响到你的前程。而这个"前程"实则蕴含两层含义，其一是职位上的提升，其二恰恰是影响生活质量方面的薪水的增加。如果说你必须耗用一生中非常重要的一二十年的时光在职场上与你的同事和朋友角逐那 20% 的成功机会的话，那么，这样成功的代价就非常高了，并且成功的几率也不会太高，这就是为什么许多职场人士注定所求无果的原因。正如你观察到的，在职场上壮志未酬的人是大多数。这些人辛勤工作一辈子，之所以拿着普普通通的薪水，不是因为工作态度和工作成绩不合格，而是因为在任何资本体系下运行的机构必定会考量成本因素和其他因素，而不会同意让绝大多数表现良好的职员有超出预算的几倍的加薪。

所以，你必须另辟蹊径。当你明白成功的职业并不意味着成功的个人财务和个人生活的话，你就不会再把职业升迁和财富积累捆绑在一起。你必须找出在财务上的突破以寻求生活的保障和舒适。事实上你有许多机会杀出个人财务的重围，并且继续开心地留在职场上。方法就是你必须额外地做些什么，开掘潜力并且调动你的知本和资本，向着目标奔跑。

出社会十年之后，你不应当只收获了家庭和孩子，还应该磨炼出至少一种看家的本领，来让你的总收入达到薪金的五倍，以保障全家老小有一份安定舒适的生活。

十倍薪与百倍薪的快意人生

在这五倍的收入里，继续保持一份薪金收入作为口粮。鉴于你已经拥有十年的受薪资历，你应该已经成为单位里熟练的技术或者管理骨干，可以独立地工作和执行操作，并且很多人已经达到可以管理他人、培训新人的程度。因此，很多这个阶段的职场老手被委任到中层甚至高层的管理职位，或者是在薪水方面有了不小的提高，通常此时的薪水已经是初入行者的两倍以上了。那么，不需要过于操劳，你只需要继续保持在上个十年里我们传授的那些基础程序，继续储蓄，继续发掘投资渠道和提升投资的能力，开始关注和发现新的"现金牛"项目和提高投资回报率，以稳健地增加你的投资收入。如果你这样做并且留心总结前几年的投资心得和准确把握投资方向的话，那么，在这个时期你可以轻而易举地获得我们提出的使你的生活感到舒适的最低标准：五倍的薪金收入。

作为一个提醒，这一时期正是你一生中最好的两个十年之一。再说一遍，你绝对应该在你 30 来岁的时候涉足房产。如果你刚好生活在一个热火朝天的经济热点地区，包括香港、新加坡、上海、北京、伦敦、纽约，或者是迪拜、首尔、台北、越南、印度尼西亚、菲律宾这样的次热点地区，那么，你就会亲身体验到这次长达十几年的房产高潮所带来的造富运动的巨大威力。如果你及时地搭上了这班车，你就明白，五倍薪的收入甚至更高收入的获得并非想象的那么难。人生最大的失败就是，这一辈子什么都不敢想、什么都不去做而碌碌无为。

对于普通人的生活来说，如果你拥有了五倍的收入或更多，不需要我多说，你自能亲身体会到什么样的生活水准意味着舒适、满足和快乐。当然，这还不是最好，也不是人生的最高境界。但是至少，你独立了，你富裕了；如果你独善其身地让自己通过努力过上了富裕生活，没有成为政府、社会、机构和父母的负担，还有帮助他人的能力和可能，那么你应当为自己感到自豪。

三、十倍薪——什么叫富足

"以一当十"这个词十分美好,它蕴含着一种高能量。无论是用来形容才能还是形容收获都会让人心花怒放。当你的财富能力提升到"以一当十"的程度时,你就会明白它包含着多么大的欣慰在里头。可以声明的是,当财富值达到"以一当十"的时候,你收获的绝不是仅仅十倍的收入这样的快乐,还有多重附加的如自信、能力、实力以及创造性等多方面的满足感和成就感。所以,当你成功的时候,你所收获的一定比成功本身多得多。

十倍薪是个听起来就令人欢欣鼓舞的数字。谁不想"以一当十"呢?但是,拥有十倍的收入就像是在职场里达到前3‰的排名那样,是一件非常不容易的事。除非真正努力并且实现了,你就能亲身体验"名列前茅"的深切含义,明白保持在行列里前百分之几的那种荣耀是多么地不可多得。

通常,能够获得十倍薪的人都付出了相对于同类人群的超常努力。我们没有办法精确衡量和说明这种努力的强度,并且在研究中发现,能够获得这种财富收入的人并没有和他们的年龄挂钩。无论年轻还是年富力强,获得十倍收入的人通常都在某一方面有着非同一般的过人之处。

不用想和比较,你就知道十倍的收入其实已经使你开始达到或接近财务自由。它不仅让你感觉在生活中非常之宽松适意,并且带给你非常的自豪感和成就感。这并不意味着此时此刻你已积累了好几百万,而是说,当你具备这种能力的时候,你可以轻而易举地想象那些个百万对你来说已经不是不可能的任务了。研究发现,金钱能够带给人们的快乐指数在人们实现了生活温饱和满足之后就不再大幅度增长了。这之后能够使人们快乐增长的就是人们的成就感和帮助他人分享的快乐了。

　　十倍薪不意味着一个绝对的数字，而意味着一种超越自身、超越他人的能力体现。这种能力的保持和继续发挥才是创造源源不断无以计数的财富的真正源泉。这是一种非金钱本身的突破。它所带给你的除了这十倍的收入之外，还有无穷的信心：你相信任何事物都是可以把握、可以创造、可以更新、可以触类旁通的。从此，它打破束缚你的条条框框和层层禁锢，放飞你的精神，教会你把"不可能"变成"可能"，并且引导你去发现将"不可能"转变成"可能"的捷径和道路。这才是十倍薪带给人的最有价值的益处。

　　通常，拥有十倍薪能力的人都有过人之处，他们此时不是高级管理者就是创造者，或者是在某一方面有过人本领，如发明和设计。不能不承认的是，他们跑赢了绝大多数人并远超平均速度，他们是领导者和成功者。

四、无限财富：百倍薪——什么叫卓越

　　什么叫卓越？如果我们庸俗地、感性地以一种金钱计价的方式来描述的话，那么可以用百倍薪作为财富能力等级的概括。如果一个人可以拥有这种能力，能赚到别人赚到的上百倍薪金，那么，我们除了羡慕和学习人家之外，还有什么要说的？杰出、卓越就是这么回事儿。你每年可以挣5万美元，人家每年可以挣500万美元，你和人家除了运气之差外，肯定还有某方面的能力之差。卓越意味着拥有较之于绝大多数人都没有的非凡表现，超群绝伦、技高一筹。

　　尽管有人以十分鄙视的态度称这其中的一些人为"暴发户"，但是无可否认的是，随着这些财富大鳄的出现，他们中的许多人做到了对于财富的高度驾驭和随心控制。并且他们中的许多位早已经在为很多很多的员工发工资，为他们所在

的国家和政府支付高额的税金，为他们生活在其中的社会团体和社区做着慈善和捐献。除此而外，很重要而有趣的是，他们像奥林匹克运动员一样，以自己的努力不断地刷新财富新标杆，除了给大众带来更多更令人兴奋的财富谈资外，也的确激发了大众更高涨的财富激情，不是吗？

基本上，有能力实现百倍薪金的人都可以进入大众的财富榜样行列，他们每个人的财富故事都可以成为教育小孩子的励志故事和成年人研究模仿的对象。我们耳熟能详的财富故事中，首先，无论比尔·盖茨、巴菲特还是新出炉的财富新贵马克·扎克伯格，无论是小贝、汤姆·克鲁斯还是身价越来越高的章子怡，他们都有一个动人的打拼故事。其次，无论是姚明的姚基金还是汤姆·克鲁斯的离婚代价，不管是有关于李嘉诚的财富分家，还是乔布斯的苹果公司一度以6 200亿美金的公司价值超越多少个国家GDP总和的财富传奇，他们的财富经历都如此地撼动人心，他们的新思维、旧做派都能引起人们的极大兴趣和热议。

有能力实现百倍薪的人都是财富的主人。他们开办企业设立工厂，他们给别人发工资，他们创造了大批的就业机会，他们发行股票，他们也做慈善。这些年收入百万、千万的巨富们，我们应当怎样看待他们？怎样看待他们庞大的财富和其不断引发的感叹和争议？这些在任何一个国家都没有定论，只是有一点讽刺：在大家对财富议论纷纷的时候，绝大多数人并不排斥忽然有一天自己突然成为财富的主角，并且认为如果奇迹发生了那叫"好运气"。这就是人们对财富的双重态度。

值得肯定的是，随着时间的推移、社会的进步和人们观念的改变，人们对财富的认识也越来越深入、越来越全面，不再简单地肯定和否定，而是注重财富所带来的结果和社会价值。对人们影响比较大的观点有"民富国有论"和"仇富论",无论人们持哪一种观点,社会还是要发展的,继续创造财富依然是不会改变的共同行动。如何"均"财富,缩小贫富差距,达到全社会的共同富裕,这是一个相当艰巨的任务,还需要人们继续探索。

无限的财富,通常也给人类社会带来无限的美好。如果没有人类创造的巨大的物质和精神财富,人类社会继续存留在刀耕火种的时代一成不变,可能我们现在就没有兴趣去谈什么创造了。

令人欣慰的是,财富大鳄们对于财富认识的升华也让人们对他们刮目相看。巴菲特提倡的对富人征收高税率,比尔·盖茨提倡的财富"裸捐",许多国家包括新加坡在内的政府支持的以捐抵税政策,都在努力地平衡着、引导着社会对于财富的原则性流向。越来越多的公众行为表明,人性中善良的成分占据着主导,人们努力创造财富的同时,也越来越多地回馈社会、分享财富。财富在流向富裕人士的同时,也在不停地分享给更多的人,回归大众。世界各国那么多的大学、博物馆、公共机构和慈善团体收到的捐款记录和受援助支持的社会公益项目,说明财富自始至终都在人类的博大爱心和希望中永不停息地造福着人类,传播着人类精神追求中的美好。

09

你家的财富管理

　　你可能听说过和接触到一些财富管理的东西。很多人认为财富管理跟他们没有关系——那都是富人们的事情，等我有了足够的钱再来谈吧。的确有很多人没有太多的钱，"月光族"和没有储蓄的人大有人在。另一方面，所谓的财富管理，在过去只有大银行的私人部门才有此项业务。一些世界级的大银行把财富管理的门槛提得很高，比如至少300万美金的开户门槛或者根本就只为千万富翁们提供服务。如果你已经踏进了这样的财富门槛，那就不需要再读这本书了，而应该去学习更高的技能以便驾驭你已经拥有的财富。只有两种人对财富管理特别有兴趣：一种是没有太多财富的人想学投资和管理自己的财务以便获得财富；二是拥有财富的人想留住自己的财富。

　　虽然财富管理都是有关财富的增长和驾驭之道，但是我们的目标不是建议你怎样投资金融和理财产品，而是以前瞻性的指导法则帮助你树立正确的财富观念，以开放的心态拥抱财富，从你的独立生涯的伊始，用积极的进取策略，把握

十倍薪与百倍薪的快意人生

你的整体人生，让你通过个人的长期努力，从没有多少钱提升到身心富裕的大富阶层。创富和财富管理，是现代社会制度下梦想富裕的人们另一门必修课。

一、财务知识与财商

无论你现在学的是什么专业、做的是哪一行，在开始独立生活的时候，最好还是学习一些与财富相关的知识。先不要预设金钱的道德属性是好是坏，无论好也罢坏也罢，你这辈子恐怕都甩不掉它了。我们已经论述过，在当代社会种种原因造成了人们智商高而财商缺失，能够熟练运用金融和财务知识的人大多是在社会中从事着相关专业工作的人。更多的人只是每天工作赚钱和消费而已，他们没有机会接触和学习投资和财务管理这些既专业又实际的知识，很多人也不认为有必要专门去学。所以，至今不能很好打理自己家庭财务的人不在少数，更谈不上精准地、有目的地管理和提升自己的财富了。

你需要掌握一些基本的财务和金融知识。这些知识书本里只是粗浅地提到一些，比如利息的计算、简单的借贷关系和一些计算公式。我们生存的这个社会并没有也无法提供你一生所需要的全部生存和生活知识。如果不是从事财会和金融行业，普通人也只有在需要的时候才会想起去咨询一下银行职员、财务顾问等有关人员，了解财务金融知识以解决面临的困惑。这种直接寻求解决的方式只是一对一地解决了具体问题，并不能够让你建立起全面、系统的财务知识以应对今后的生活。对于那些经常不处理财务事务的人来说，有可能一生都没有机会去处理和解决财务问题，因而也就不具备较强的财务敏感和财务能力。

看一看周围人的生活就知道，一些人三十好几了还要妈妈帮忙去银行打印存折，一些人把工资卡一手交给配偶照管，一些人甚至一辈子都没有参与过一次房产交易，没有签署过一份贷款文件，几年不进银行的也大有人在，还有些人一辈子都没有尝试过任何投资。因为现在发薪水都是自动划账，有不少人不能准确地说出自己当前的收入是多少。不是在教你斤斤计较，对自身财务没有意识实在是很多人的通病。既然你对已经获得的财富处于一种不管不问的状态，那么你对那些需要留意、细心捕捉的财富痕迹也就不那么敏感，发家致富的美梦就只能停留在中彩票、天上掉馅饼之类的空想中，换句话说，即便是馅饼砸到头上也还会再溜走。

确实，"家有千口，主事一人"。不是每个家庭里的每个成员都有机会处理家庭财务方面的事情，财经和金融知识也不是每一个人都需要熟知的。即便如此，你还是应该像学习数学、物理一样尽量多地了解一些财经和金融知识。创业和创富都需要对这些知识有一个基本的认识，丰富财商、提高智商、发展情商无论在工作中还是在生活中都是必不可少的。它是一种可以保障你生存安全和舒适度的重要技能之一。如果没有最基础性的财务知识，创业、投资和管理财富时你都会面临认知而不仅仅是计算上的困难，更无法做到深入、系统地把握和准确决策。

二、预算和计划

你的财富管理离不开预算和计划。预算和计划是任何一个财务行动前的必要步骤，它能够让你从预测的角度发出审视，高屋建瓴地概览全局，仔细地盘整拥有的资金并且很好地使用它。预算可以很好地控制资金支出节奏，控制额度，排除和延后不该发生的项目，让资金处于合理调度、正确使用的掌控之中。这是财务安排的一个重要环节。做预算和不做预算、会安排计划和不会安排计划，对一个人的财务健康来说影响太大了，有目的、有计划的合理支出和随心所欲的任意花费,对能够储蓄下来的额度、妥善利用投资机会和由此带来的财富结果等等都影响甚大,对投资回报和收益的影响也很重大。

当然预算和计划后面不可或缺的步骤是执行。目前大家都很看重执行力,看重行动这个落实的环节,容易忽略的恰恰是执行前蓝图的勾画——预算和计划。执行可以迅速或者逐渐地见到成效,但是很多很好的想法最终没有达到目标,往往是因为出发前没有做好准备,没有规划好路径,没有预见性地设计好应对策略和解决问题的方法,最终导致一个很好的项目在执行中因遇到难题而溃败下来。在个人财务方面,预算和计划根本性地影响到你以后各个人生阶段的财富成果。按部就班、胸有成竹地平稳执行自己的财富计划,和脑袋一热突发地、随机地天女散花式地东撒一把西撒一把地胡乱花钱和投资,其结果可能是相去甚远,甚至是天渊之别。

所以,清晰的预算和计划能够保障你财富规划的持久性和提高抗风险能力。你必须认识到人生的许多财务规划都需要一段时间才可以完成,短则数月,长则数年。并且与其他规划不同的是,人生的财务计划有着时间的持续性和不可逆性。任何提前终止的财务计划可能不仅未实现既定的财务目标,甚或带来很大的损失。即便没有损失到本金,一些时间上的损失也是无法挽回的,而那些重要机会的错失更是无法计价的。比如半途而废的各种保险计划,提前退保不仅损失保费而且损耗时间;有锁定周期的基金、信托和其他投资产品,如果提前终止投资可能还会殃及本金;原本应该考虑的财务计划的实施如果错过最佳时间节点,在补救的过程中可能需要付出超常的代价,比如年过 50 以后才考虑投保的人寿和医疗保险,退休前才开始考虑的养老金储蓄等等。

人生是没有折返的单行道,按照生命的各个时期及时规划和预算支出那些必需的项目，抑制和延后另一些不太必需的项目，有准备地防御那些可预见和不可预见的状况，才能让自己的生活更加舒适安稳、有保障。

三、风险管理

"人生不满百，常怀千岁忧"，在忧患中生存已是人生的常态。风险到处有，天灾人祸防不胜防。表现在财务方面，人们面对的风险多为各种因素造成的财物损失，集中体现在投资所面临的不确定性和管理不善上。表现在人生方面，除了人身安全之外，无作为被认为是人生的另一种风险。

作为个人的财富管理，风险管理是个重要的部分。具体的财务风险管理在金融知识里已经有详细阐述。这里的风险管理并不仅仅指你投资过程中可能出现的财务损失，还意味着一旦决策失误你将面临各种有形和无形的人生损失。

人生规划的最大风险是什么都不做，白白贻误大好人生，以及因错失时机造成的个人生活困顿。在一个项目上的投资风险会影响你这个项目的投资回报，而在你人生的风险管理上，没有去尝试，比尝试失败结果更惨。尝试之后的失败是一种人生体验，它可以很好地转化成避开谬误达致成功的经验，从而避免更大的失误。人生过程中因忙碌、无目标、无勇气、无梦想、随遇而安和其他原因造成的虚度一生，恰恰是导致人们碌碌无为的最大风险。在一些著作里，那些末日人生的最大遗憾，不是人们年轻的时候犯过多少错误，恰恰是没有去想、没有去做的事情所带来的无法弥补的遗憾。所以，对于想拥有幸福充实的财富人生的人来说，避开无意识、无目标、无作为的被动人生，把握各种投资和实践中的抗风险技能，才能够让自己更加贴近成功，才有可能让自己创造出超出平均水平的财富，实现充实而富足的财富人生。

十倍薪与百倍薪的快意人生

四、投资项目选择与投资回报

前已有述，投资和创富是造就财富人生的必由之路。你的财富人生中少不了投资行为。不投资仅仅依靠工资当然也可以幸福地生活，有许许多多的人在退休之前依靠工资也还完了房贷，手中也有一些养老金。但是，相对于越来越丰富的生活和越来越高的精神需求来说，绝大多数的人仅仅依靠工资度过一生，就显得不是那么宽裕和随心所欲。一个富足的人生注定必须有更加多元化的收入，仅仅有少数的高薪人士可以达到凭借单一薪水而获得完美人生，更多的人需要依靠多元的投资带来多重收入，以便跑赢通货膨胀以及实现理想的生活方式。这些，都需要懂得投资项目的选择和讲求投资回报。

一旦你涉足投资，首先必须学会两点：第一，甄选投资项目；第二，考量投资回报。关于甄选投资项目，各行各业成千上万的投资机会的遴选主要看投资者个人的投资偏好、敏感点和投资技巧。人们通常需要经过几年几个类别的投资领域的不断磨炼，才能寻找出最适合自己偏好、知识面、投资风格的投资项目，还需要能够把握该种类型的投资技巧，并能够在投资过程中带来稳健获利的投资回报。在日积月累的投资过程中熟能生巧，最后成为某个类别的行家。

至于投资回报，做得越多越明了，所谓的"一口吃个胖子"是最不能为的，稳健获利、源源不断胜过一切高风险的投机。即便是巴菲特，他投资项目的回报率也没有太高。能够保持长久持续的 10%～15% 的回报率已经能让很多人喝彩并且足以致富了。高风险高回报，低风险低回报，追求越高的投资回报往往伴随着越大的投资风险。正像最好的司机不是开车速度最快的那个一样，最好的投资高手也不是追逐高风险高利润的那个，而是能够让利润越滚越大，并且没有致命失手的那个。不管做的是什么，都应该在较长的时间段里稳健地成长、收获、保有和巩固你的财富。假以时日，即便只有20%以下的投资回报率，你仍然可以像巴菲特一样成就丰硕的财富人生。而另一方面，许许多多追求高回报的志士仁人，因为追逐太过高远的目标收益，在某次重大的投资失利中大伤元气，在资金和自信心方面遭遇重创，跌入悬崖谷底一蹶不振而被淘汰出局。只有稳健获益才能够持久，就连巴菲特的500多亿不也是用一生的耐心"熬"出来的吗？

五、资产配置

"狡兔三窟"、"不把鸡蛋放进一个篮子"几乎是人人耳熟能详的风险防范措施。在财富管理方面，一个十分简便的方法是把你的财富分门别类配置为几大类别，以满足你不同层面、不同目的的生活需要，同时也分散风险，避免因财物过于集中导致"全军覆没"的危险。

一般来说，银行理财部门会建议你把手中的资产配置成若干类别，比如活期存款的应急资金、定期存款、保险、信托产品、基金或者股票、债券，以及房地产。

从用途方面，你可以将你所掌握的钱财划归为生活基金、教育基金、投资基金、房产基金、养老基金等等。做到每种基金各有用途，当然也可以在必要的时候灵活调整和互相支援。

无论你怎样进行资产配置规避风险，合理利用资金和争取投资报酬最大化都是财富管理的最终目的。在你进行资产配置的时候，首先要考虑的是保证你的生活支出。其次，需要留出你的保障性支出，如学费、保险、交际和娱乐支出等。第三，如果可能，你需要尽早扣除小小一部分放入你的退休账户。如果在比较早的时候就将未来25～30年养老的所需总费用，分解成你年轻时候缴付的小额储蓄的话，那将会容易和轻松得多。第四，用那些宽裕下来的闲钱和剩余资金作为投资基金，选择适当的投资项目和适当的投资周期进行有目的有计划的投资。

在做上述资产配置的时候，你需要将一段时间内可能发生的支出项目考虑清楚并安排妥帖，尽量避免因为计划中途改变，或者遇急就中断已在进展中的投资项目，避免造成投资项目的不能持续而达不到投资目标，以及中断投资项目有可能带来的手续费、赔偿金等损失而损失本金。

资产配置讲究项目、周期、用途和功能的互补和结合，用资产配置的方法为自己编织一张家庭财产安全网。这个安全网要很好地起到有效防范通货膨胀、经济危机、突然失业、大病和意外事故所带来的风险，要能够保证舒适生活的必需支出以及覆盖到养老预备，还要能够避免资金过于偏重在某一领域所造成的风险集中。虽然像金融危机、失业和重大疾病、意外等事件的发生防不胜防，但是，听天由命和提前预设性的准备还是好过束手无策。针对那些非要害性的变化，这些措施不能阻止事情的发生，但是可以防止事情向更坏的方向发展；同时，对于某一方面的破坏性事件的发生，已经留有其他方面的支撑和应对，好过全盘覆没。防灾、减灾、积谷防饥、居安思危是应对不可预知的灾害和困境的最好措施，这一原则同样适用于家庭财务和财富管理。

六、定期盘点财务策略

人生是一个长远而复杂的系统工程。财务问题将自始至终贯穿人的一生。对于个人的财富管理来说，上述的功课做了之后，下一个不可省略的步骤是你依然需要定期检视你的财务体系和财富策略，需要定期地评估你的各项财务安排、投

09　你家的财富管理

资回报和各种资产配置的比率和结果。这个步骤可以十分简单，但是绝不能忽略。

有人会觉得这样做实在是太繁琐费时间。通常，如果在检视资产体系和财富策略的时候，你觉得繁琐和耗时，那是因为你还没有建立起一个基本的家庭财务管理体系。在第一次建立基础档案的时候，是需要花费一些时间进行统计和计算、输入的，此后就容易得多了，只是在前面的基础上加加减减和增添备注罢了。在你熟悉和掌握了家庭财务管理的方法之后，这种财务盘点和检视常常不用花费太多时间，很多人在月底花个半天就做好了。尤其是当你养成习惯，定期回顾家庭财富管理的时候就更容易。你可以以一个方便的周期如一年、一季度来盘点以往，也有少数的人月月出家庭财务报表的。值得肯定的是，无论你怎样做，这种经常性的财务检视可以让你十分清楚家庭财务的状况，让你发现问题和总结经验，也让你更有效地安排家庭财政，更加积极地"滚雪球"。

至少每年检视一次自己的收获，每两三年调整一下投资方向和策略是十分必要的。总结是精进的前奏，是提升能力的重要方法，只投资不总结你不会找到最佳投资线路和策略。检视和总结就是校正航海的罗盘，始终保证你的航行方向朝着你的目标、你的财富方向。只有及时地调整和改进、纠错，才能胜利到达彼岸。

10

你的税务规划

美国人有一句名言："只有死亡和税务是不能避免的"。过去，人们爱用"苛捐杂税"来形容执政者对百姓的盘剥，而在现代的文明社会，大家都明白税务是国家财政中的重要调节手段。没有一个国家是不征税的，所征得的税收基本上用于国家的财政预算；"取之于民，用之于民"，没有税收，就没有了政府的财政拨付。

目前各个国家的税收政策和税率根据各自政府的规定有很大的不同（见下表）。一般来说，高税率国家实行高福利政策，低税率国家相应推行的福利政策也较少大包大揽。低税率国家的人们有许多事情需要自己为自己做好规划和安排。不同的税率政策不仅影响各个国家的财政收入和社会福利，也对当地居民的个人财富积累产生着重大影响。

全球部分国家和地区个人所得税和企业所得税一览表

国家	个人所得税	企业所得税
澳大利亚	0%~45%	30%
美国	0%~35%（联邦） 0%~10.3%（州）	15%~39%（联邦） 0%~12%（州）
英国	0%~50%	23%
法国	0%~50%	33.33%
德国	0%~45%	29.8%
瑞典	28.89%~59.9%	26.3%
挪威	0%~47.8%	28%
加拿大	15%~29%（联邦） 4%~24%（省）	29.5%~35.5%
中国大陆	5%~45%	25%
中国香港	0%~15%	16.5%
中国台湾	6%~40%	17%
日本	5%~40%	30%
韩国	9%~21.375%	13%~25%
印度	10%~30%	34%~40%
马来西亚	0%~28%	26%
新西兰	12.5%~38%	30%
新加坡	3.5%~20%	17%

数据来源：维基百科《世界各地税率》。

一、依法纳税

各个国家和政府都要求其国民依法纳税。每个国家根据其政府的规定产生一定的税务名目和纳税条款，因而税法覆盖范围和纳税比率都各有不同。纳税被视为公民对国家的义务，违反税法会受到法律制裁。为了方便纳税和及时收取税款，一些国家的工资体系已经提前预设了扣税项目，在领到的薪水里面已经把需要交纳的税费提前扣除了；另外一些国家则实行税前收入，在每年的纳税截止日期前先自行申报，经有关税务部门审核之后，按照应税额交纳上一年度的应缴税金。很多国家实行递进税率，个人收入越高，应税的比率也越高。对于低收入者，政府会给予一定的免征限额，在高出部分才开始计税。同时，许多国家的征税条例里也都设置一些税务优待，符合条件的人将免除税务。

公民自有了收入之后就需要面临税务问题。巴菲特在十几岁的时候还没有正式工作，但是有了投资收入以后就开始了第一次纳税。其实，人们最早接触到的税务种类有可能是消费税或者遗产税。在幼年的时候继承祖父留下来的一份家业或者钱财，在你还不懂事的时候就已经由父母为你代缴或者由律师在你所继承的份额中扣除了税务部分。除此之外，在一些国家，每天出去吃饭、买东西、住旅店的账单中都包含着百分之几的消费税。等到你有工资收入之后你就必须交纳个人所得税了。另外，在生活中，买卖房产需要交纳印花税；在实行产业税的国家，即便是自己住的房子也要每年给政府交纳产业税，更不要说为出租的产业交纳房租收入的税金了。一些国家还实行高额的遗产税，现在香港和新加坡都已经取消了遗产税，继承人不需要为继承的房产交纳遗产税了，但是在美国这笔税款还可能大到令继承人无法承受。总之，在现代社会你是无法避免税务问题的，即便是穷人、失业者，也会有几项和生活有关的税务问题。无论你是企业主还是职场人士，最好还是了解一些税务的规定和条款，并且越熟练运用它们，对你的财富积累就越有帮助。

二、了解税务知识

"减税增富"是税务与你个人财富积累之间最简单明了的关联和有效的致富

10 你的税务规划

法宝。越来越多的人开始重视税务知识，了解自己为什么需要付税和怎样付税，他们关注政府的税务政策、条规和法令，目的不是为了逃税、避税，而是确切地明了自己怎样做才可以在遵守税务法令的基础上，合理地节省或延缓税务开销，实现自己财富的积累以及利益最大化。合理合法的节税不仅是正当的，也是各个国家税务部门提倡的。每到年底，财务顾问们和报刊专栏都会结合当年的税务新政旧话重提地将如何纳税、节税过一遍，以方便大家进行税务申报和节税。

在许多国家税法都是严肃的大法，违反税法轻则罚款重则治罪。由于税务与你本人的关联是如此密切，因而各个国家的税务机关都对纳税的条款以及纳税人可以合法获得的税务优待和税务减免做出明确的规定和阐述，并且经常根据国家政策、民生和经济情况进行调整。许多国家的税法繁琐又复杂，令很多职场人士都难以招架，无法自行申报而必须假手专业报税人，比如美国和马来西亚的税务体系；而其他一些国家税务申报简单易行，基本上可以自行申报，比如新加坡。无论是需要假手于专业人士还是自行申报个人税务，你都需要花费一点时间来思考整理一下，或者就特定的相关问题咨询一下税务顾问，哪些是政府最新实施的政策，哪些是规定允许的税务优待和税务减免。这些看起来很小的事情，加起来却可以帮助你大大减低应税额度。鉴于税务的支出远远高于税务返还，那么，你的税务支出越大，你的财富积累就越少。一个职场人士无论收入高低，一生中30年仅所得税一项就为国家奉献几万、几十万甚至几百万的税收，而且一定还会涉及到几次其他的征税比如房产交易等，所以，关注税务问题是当你已经具备纳税资格时不能被忽略的一项重要事宜。"减税增富"就是这么来的，因为它直接关系到你的财富人生。

一般地，财富值越高的人，也就越会主动关注税务问题。富裕人士对税务知

十倍薪与百倍薪的快意人生

识通常掌握得更全面一些，跟随税务法令更紧密一些。这是因为他们切实地感觉到了节税的必要性以及实际性，合理合法的节税使他们尝到了财富积累的甜头，因而促使他们更加积极主动地谋求税务方面的绿灯。应该说，富裕人士多会寻求和追踪对自己的财富积累有利的途径来实现更加显著的财务目标，而不那么富裕的人士恰恰因为自己积累的财富不够多，对自己的财富关注度不够多以及其他种种原因而漠视节税问题。

典型的例子是人们对投资、开办企业和移民的态度。十分显然，一个国家的税务政策能够衡量出人们的价值倾向和资金流向。美国、法国针对富裕人士的高税率政策，直接导致了国内高收入阶层的迁居和移民行为；一些高税率国家的大企业，也用转移生产基地的方式到低税率国家和地区，以谋求更快速的企业发展和更有利的资本积累。那些低税率的国家无疑对资本和人才均具有强烈的吸引力，无论是对企业还是个人都是有利于财富积累的。所以，了解税务知识和法令条规，是你财富人生重要的、不可或缺的一个环节，能够得心应手地运用税务政策的人也会赢得更多。

三、你应该了解的税务种类

以下税种，即便是普通人，在一生中也常常会接触到。因此，了解和正确计算自己的应纳税费，是财富人生需要考量的一个重要方面。当然，如果遇到重大的财务和税务问题，还是需要咨询专业人士以获得最新资讯和恰当的处置建议。

1. 个人所得税

个人所得税是针对个人合法收入所得征收的一种税。通常主要是对提供劳务所得如工资、薪金、劳务报酬等，以及投资所得如股息、利息收入等征收的税。个人所得税通常是对纳税人在一定时期（一年）里合法收入的总额征收的税。按照纳税人收入的多少和有无来确定征收比率，实行"多得多征，少得少征，无所得不征"的征税原则。它可以调节国民收入分配，缩小纳税人之间的收入差距。同时，因其征收面较为广泛，也是国家税收的主要来源。

2. 物业税

物业税又称"不动产税"，是政府向地产物业征收的一种税。为调节不动产收益，政府对房屋、建筑、公寓和土地征收物业税。纳税义务人是产业的所有者，负责征收物业税的政府机构会对物业进行估值，按照物业的年值即租金核定应缴税的比率。

3. 印花税

印花税是对合同、凭证、账簿等某些特定许可性文件征收的税种。纳税人通过在文件上加贴印花税票，或者盖章来履行纳税义务。

4. 遗产税

遗产税是指一个人死亡之后，他留下的财产被继承或拥有而需要向政府交纳的税。一般向接受财产的受益人或代表人征收。

5. 消费税

消费税又叫"营业税"、"销售税"，是政府向消费品征收的税，可向批发商、零售商或消费者征收。各个国家对不同的消费项目征收不同的消费税。

6. 公司所得税

公司所得税是以公司、企业法人所取得的由生产、经营和其他方面的所得为考量而征收的一种税。目前，世界上许多国家都将公司所得列为所得税的重要征税对象。作为创业者，因为是公司的拥有者，需要了解多方面的公司税务问题以保障公司合法健康发展和有利于公司的财富积累。

四、常见的节税妙招

"减税增富"是现打现的降低开支，它是积累财富的一个最简单有效的办法，并且在毫无损失中立竿见影地减少支出，从而留下更多的财富。所以，就连税务局的工作人员也非常乐意帮助你取得应该的减免税额。你一定要知道怎么去使用这些大家都应当明了的最基本的税务优待和税务减免。

1. 公积金/养老账户的上限要放足，填补有税务免除。

留心一下你的公积金/养老账户是否达到了最高限度。通常，政府鼓励人们自己解决养老问题，支持在有能力的时候提前为自己打算，未雨绸缪为自己储备好一定的资金。如果你的这些账户还没有达到要求的顶限，每年你会有一个数额的限度可以免税填补。免税的那部分收入是不必纳税的，并且减少的这部分收入额还可以降低你的税务等级。还有一些项目是可以延迟纳税、减税的，不要小看这些免税额度和延迟纳税，有效利用和没有利用每年的额度所带来的积累效应是很可观的，延迟10～20年之后纳税和每年即刻应税对你的财富积累影响相当大。

2. 家庭成员、老人和残疾人士有一定的税务优待和税务免除。

在一些国家，需要被抚养的子女、赡养的老人还有雇用的女佣，政府都提供一定数额的税务扣除；国民服役人员和残疾人士也有税务优待；一个家庭在享受税务优待和税务免除之后，普通收入的职场人士基本上可以将应税额减到一半或更多。

10 你的税务规划

3. 留心你的税务等级。

税务是和你的收入等级挂钩的。收入越高，你需要纳税的税率也越高。需要纳税的税率是阶梯式分段递进的，因此，中上收入的职场人士在加薪的时候就需要特别留心一下收入增加所带来的税务方面的影响。尤其对于高收入阶层来说，一些关键性的税务节点常会使应税额大幅度跳升。因而持有高等级工资收入者也常常向雇主谈判，争取将一些收入划归于额外的不需纳税的福利津贴，从而避免税务大上台阶，以此来控制和减少应税额度，避免"升职以后遭罚款"。

4. 利用投资避免应税。

各个国家都会有一些政府鼓励的免税或减税投资项目，比如公积金、养老金账户里面的股票投资是免税的，购买信托产品、债券和投资房产的利得也是免税的。留心一下你所在国家的公积金/养老金账户的投资规定，了解哪些投资是可以免税的，哪些投资所得是低税的，哪些投资是可以延迟纳税的。长达二三十多年的职场人士就可以按照规定动用持有的这些账户里面的钱进行投资，在减税或者免税的同时赚取更高的回报，而不是在你最需要使用钱的时候先支付大笔的税款。

在投资节税方面，富裕人士总是善于灵活地、最大限度地使用这个条款，用投资的方式免税、减税和延迟付税，因而他们手中可以利用的财富资源也总是更为充沛，而没有投资的人则按时支付税款，甚至比富裕人士缴交的税率还要高。这种因税务引起的财富加速分流所带来的富者愈富、穷者愈穷，实在是一些从来不考虑应税技巧的中高等收入人士的缺憾。虽然还不是非常富有，但是学会节税同样非常重要。

5. 开办企业。

世界上最富有的富豪阶层中约一半人是企业主。各个国家对于开办企业都有

十倍薪与百倍薪的快意人生

很多优惠政策以鼓励经济发展、改善就业和使人民自己富裕起来。例如，新注册的企业前三年可以享受部分利润免税和减税待遇，在政府指定的区域里开设公司可以享受免税待遇，开办属于政府大力提倡的新兴行业的企业可以享受额外的税务优惠等等。更广为企业家们运用的一点，就是利用盈利投资扩大再生产而避免直接纳税的做法。还有，运营的企业有许多项目可以进入经营成本而使得盈利减少而减少直接应税。如果你已经尝试过开办企业，你就知道企业可以在很多方面享受税务优惠和如何进行税务调节。即便是很小的企业，利用这些优惠政策都可以减少更多的税务支出而增加更多的财富收入。这一点，请参考《穷爸爸，富爸爸》丛书里清崎精妙全面的论述。

6. 留心时间因素对税务和财富的影响。

前已有述，金钱会因时间的作用而发生巨大的变化，此时此地的一块钱在彼时就不一定是一块钱。当巴菲特捡起遗落在地上的一枚硬币的时候，他意味深长地说："谁说这一块钱不是明天的一百万呢？"恰当地使用今天在你手中的钱，可以让你的明天更富裕。表现在纳税方面，时间节点也一样会影响你的财富值。

比如说，新加坡政府在 2010—2013 年间连续七次给房地产实施降温措施，其中一项重要措施是从房产交易的印花税入手的，从提高印花税方面来遏制投机炒作，就购买和转让房产的税率特别规定：外国买家必须多付 10％ 的印花税；如果需要转让房产，第一年购买就卖出的须支付 16％ 的印花税，第二年 12％，第三年 8％，第四年 4％，四年以后没有额外税务支付，以此来遏制房屋炒作。这项税务政策就使得投资房产的人必须把握投资的时间节奏，因为在规定时间里的转让炒作有可能产生大量的税务支出，使得投资无利可图。

另一方面，企业所得税的缴付也是一样。许多企业更乐意将利润转化为再投

10 你的税务规划

入,如果早早地兑现利润,将产生大笔的税务支出;如果可以更好地利用这些赚来的钱来扩大再生产,雇用更多的员工,可以不需要银行贷款而进行更多的产出和滚动,从而制造更多的利润。国际上很多大企业就是这样发展的,利润率不是很高但企业发展很快,一些超级企业就是因为滚动快而发展迅猛。

扩大再生产需要招收更多员工,创造更多的就业机会可以解决社会问题,缓解政府就业压力,解决迫切的民生问题,这也是为什么政府支持企业发展的原因。多缴税是重要的,但是,多缴税并不能给企业带来更多活力,扩大生产规模必然带来更多的企业利润,最终企业的蓬勃发展比单纯的纳税更具建设意义。这是各个国家的政府更乐意看到的。所以,政府才为企业提供更多的税务优惠待遇,鼓励企业合法快速地蓬勃发展。

7. 慈善捐助免税。

我们生活的这个世界非常美好,这是因为人类是种高级的社会动物,彼此的关爱和扶助使社会成为一个大家庭。因为有了爱,世界更美好。生活中有许多事情是比金钱更重要的,奉献和捐助便是金钱使用的最高境界。这种善举不仅发挥了金钱的实用价值,还附加了人类爱心在里面。"人人为我,我为人人",因为有了帮扶相助,主动的关爱超越了金钱和财富的实际价值,让社会更紧密、更安定、更具凝聚力。因而,作为对这种美好行为的鼓励,许多国家都实行了捐助免税的政策。

历史最为悠久的系统性捐助,应该是源自基督教的"什一税"。教徒们自愿地拿出收入的1/10捐献给自己所在的教会,这种体制直到今天还在许多国家的教友教会之间流传。捐助是一种主动的奉献,是对社会和团体的一种回馈。有许多人在他们的孩提时代就和父母一起做这件事,或者是付出财物,或者是做义务的工作在时间上的奉献。通过各种各样的善举改变有需要者的状况，也由此升华自己的精神，体验更为充实的大爱助人的快乐。

由于有了这个传统，许多国家的政府都善意地通过正向的引导来弘扬助人为乐的精神。给予那些捐助别人的人鼓励性的税务减免或者加倍免除。主动的捐助不仅可以让人们表达善意和爱心，还发扬了人性崇高的一面——回馈社会，帮助那些需要帮助的人，构建美好和谐的优雅社会。在美国，每十个家庭就有九个向一家或多家慈善机构进行过捐助；在新加坡，有将近40万人把自己的银行账户和慈善机构的账户连在一起，每个月自动划拨指定的捐助数目。据统计在2011年，500万新加坡人的个人慈善捐款为2.9亿新币。作为鼓励建立一个和谐有爱心的社会，政府的税务机关也自动扣除他们的捐助数额，并给予相应数额2.5倍的税务扣除。积极的税务政策鼓励更多的机构和个人为富不落人后，并且也使自己的纳税行为带来更多的自觉自愿和奉献的自豪感。

成为百万富翁、过上美好的生活并不是人生的终极目标。仅仅完成财富的积累拥有财富人生，只能说是在物质层面实现了自己的需求。但你肯定不止于此，历来功成名就拥有物质层面富裕生活的人，仍然会前行于永无止境的大爱精神层面。无数拥有亿万身家的富豪终极觉醒式的财富回馈，恰恰证明了拥有财富、拥有爱心的人生是最有价值的人生。爱人类、扶助社会的人们从慈善捐助上找到了最快乐最美好的感觉，那就是：助人最快乐。

很多人从报刊和互联网上看到这样一个感人故事：

出生在美国新泽西州一个爱尔兰裔天主教平民家庭的孩子，通过不懈的努力打拼，建立起庞大的免税名牌销售连锁店，在他老年的时候，他已经拥有了近百亿美元的财富。他一生极其简朴但是却曾为康奈尔大学捐了5.88亿美元，为加

10 你的税务规划

州大学捐了 1.25 亿美元，为斯坦福大学捐了 6 000 万美元；他还投入 10 亿美元，改造、新建爱尔兰的七所大学以及北爱尔兰的两所大学；他也为发展中国家的唇裂儿童建立"微笑行动"慈善基金，提供这些儿童的手术医疗费用；他还为控制非洲的瘟疫和疾病投入过巨额资金。迄今为止，他已经捐出了 40 亿美元，76 岁的他的最大心愿，就是在 2016 年前捐光名下剩余的 40 亿美元。他就是美国慈善家查克·费尼。

费尼能说流利的法语和日语。他喜欢在世界各地到处走走，喜欢自主地选择慈善项目。在他已经提供的捐助名单上，既有向越南儿童提供的交通安全基金，有为澳大利亚癌症研究提供的费用，也有超越国界的各种各样的教育资助项目。费尼为人低调，他所有的捐助都是匿名进行。他说："谁建起的楼房并不重要，重要的是楼房能建起来。"他认为："人们习惯于赚钱，成为富人对大多数人都很有吸引力。我并不是要去告诉人们应当做什么，我只是相信，如果人们能为公益事业提供捐助，他们将从中获得巨大的满足。"

费尼为富豪们做出了一种榜样——享受生活的同时做出馈赠。据说，费尼的思想影响了许许多多的美国富人，其中就包括了比尔·盖茨和巴菲特。

世界首富比尔·盖茨在从微软总裁的位置上退下来之后，将自己名下的 580 亿美元全部捐给梅林达·盖茨基金会，被媒体盛赞为"裸捐"。盖茨在接受英国 BBC 访问时表示，将自己的 580 亿美元财产全数捐给名下基金会的做法，是希望"以最能够产生正面影响的方法回馈社会"。他认为名下巨额的财富，"不仅是巨大的权利，也是巨大的义务"。这和美国富豪对巨额财富的最终回归的另一个倡导者钢铁巨头卡内基的财富思考殊途同归："在巨富中死去是一种耻辱"。所以，在费尼之后有比尔·盖茨，在比尔·盖茨"裸捐"之后紧随着巴菲特。而目前，

十倍薪与百倍薪的快意人生

比尔·盖茨和巴菲特不仅自己身体力行,而且号召全球富人捐赠出他们的全部或部分财富。对于这两位举世瞩目的富豪的捐赠号召,在三年前,中国的富人们还集体无应声,但是现在,据报道,在他俩的劝赠名单里的中国富豪有三分之一已经开始了解这个慈善行动。

所以,给予时间,给予耐心,给予倡导,给予期望,相信世界充满爱,相信人类精神的崇高。人间需要大爱,而天堂里不需要金钱。

11

规划退养

　　关于退休，是一个有着多种不同反应的话题。一些人，尤其是没有工作太长时间的年轻人，在经历过一两次职业瓶颈期之后会萌发退休的想法，发出"40岁就退休"的慨叹。当然，多数人只是说说而已，生活还要继续，他们中的绝大多数不是根本就没有条件退休，就是退下来休息了一阵子之后便又一次返回工作岗位。还有一个极端，是那些快到退休年龄的人的"惜日情怀"，明白不久将永久性地退出人生的工作舞台，将永久性地失去固定的薪水而依靠养老金度日，心中涌现的不仅仅是退休之后的无限轻松，还有一份不能承受之轻。同样地，对于那些早已功成名就、不愁养老的企业主来说，是否就可以轻松地一退了之呢？答案颇具戏剧性，他们中的很多人十分强硬地肯定要"退而不休"：职位可以不要，待遇可以不讲究，但是"不工作毋宁死"。只有一部分人，通常是那种子孙绕膝的生活型的职场男女，可以十分顺利并且心甘情愿地享受天伦、颐养天年。

　　过去人们简简单单到站退休。在今天社会环境愈加宽松、人们物质生活和精

十倍薪与百倍薪的快意人生

神追求愈来愈高的情形下，退休变得越来越复杂了：年轻人想退不能退；到站的该退不愿退；有条件退的又不言退；一些年老体衰真该退下来的却因为没有准备好养老金而无法退。

这是人生最后的难题和选择：你何时退休？如何退休？你怎样安然度过退休后的20～30年？

可以肯定的是，你的后30年不能和你的前30年比。一个蒸蒸日上，一个夕阳西下；一个处于上升态势，一个退守步步为营；一个逐步得到，一个逐渐失去；一个怀着无限的希望成熟和壮大，一个难以阻挡地衰老直至不能自理。老年，再怎么说丰富、成就、睿智、淡定，在大多数人眼里也是"夕阳无限好，只是近黄昏"，人生大幕终究是要落下的。

大概是因为老龄阶段走下坡路的不甘、末日的无助和做人的尊严，并没有很多人喜欢神话般的长生不老。《纽约时报》中文网曾经刊登一篇调查文章，针对3万名现场听众调查的举手表决结果：大约60%受访者选择活到80岁，另有30%的人选择活到120岁，将近10%的人选择150岁，只有不到1%的人喜欢永远不死这个想法。这个结果说明，人的生命虽然是无比宝贵的，虽然只有这么一次，但是，一半以上的被调查者还是宁可选择能够自主掌控生活的80岁的寿命。人，与其没有生活质量地一直活下去，宁可选择先行一步，也不愿活成"孤独乔治"那样的一只千年龟。

随着科学和医疗保健的发达，人类活到120岁不是不可能。目前，保险公司也已经开始提供涵盖100岁的人寿保险了。最近，生涯规划也把退休后的预存活年龄上调到了90岁。这意味着，不管开心也好，不幸也罢，如果能够活到90岁，你还是得为自己准备生活费、医疗费和居住场所。长寿以往带给了人们无尽

11 规划退养

的期望，但现在也带来了养老负担的增加和孤老无依等社会问题。这些都意味着，你需要更早地、更多地储备养老金，更好地规划你退下来之后的晚年生活。

一、退休的几种形态

退休，是你人生中的一个必然阶段。在长达25～30年的一个相当长的时期里，随着年龄的越来越大，你的工作能力逐步衰减，身体功能逐步退化，社会活动逐年减少，最终淡出人生的舞台。你活动的圈子也越来越小，最后变成只有家人和少数的几个朋友相伴。在这个时期里，十分糟糕的是你的健康和记忆明显地在走下坡路。在你失去了稳定的工作收入之后，进入带病期的老年的你，还常常生病，身体越来越羸弱。假如经济尚能自立、生活尚能自理，还算是不错的；假如到了暮年钱不够用，不能支付自己必需的医药费用，不能支付雇用保姆、看护和入住老人院的费用，那才叫雪上加霜呢。随着世界上越来越多的国家逐渐步入老龄化社会，可以预见的是用于养老的设施、服务等也会越来越紧俏，看护也日渐短缺，养老院更是一位难求，而这些问题又会加剧一个结果：用于养老的费用也会被越推越高。

因此，人们需要防患于未然，现在就要为老年生活做好安排和打算。在你的人生中什么时候规划退休都不嫌早，而且越早越好。因为如果你不是巨富，对于普通工薪阶层来说，用30年的时间来积攒你需要在退休以后几乎没有收入来源的时候所要花费的钱，比你用10年来攒够这笔钱要容易得多——通常地，我们会建议你在结婚、成家、生养等人生重大事件基本完成之后，大约在36岁左右开始规划退休生活，一般来说人们需要至少20年左右的时间积累养老金。

十倍薪与百倍薪的快意人生

（一）40 岁退休

以美国作者厄尼·J·泽林斯基的那本《40 岁开始考虑退休》为代表，40 岁退休的观念迷倒了整整两代人。几乎每一个人都听说过，也在自己的 40 岁前后掂量过要不要、能不能退休。这个理论如此迷人是因为人们从 20 岁出头开始职场打拼，再加上之前几年的求学、实习时间，很多人到 40 岁的时候，已经奋斗了将近或者超过 20 年。这在人生的旅途中是一个漫长的过程。相信人生的这第一个回合充满了个人的期盼和全力的付出，这个长长的充满激情的打拼不管在金钱上还是在经验上都使你收获良多。那些先知先觉的和那些财路发达的人在这个时期都已经进行了成功的积累，一些实现财务独立的人也因此开始追求更高的人生自由。他们向往退出职场，结束被固定时间和工作束缚的日子，开始自己天马行空我行我素的真正自由自在的生活。自由地追求，自己决定一切，不受任何约束，做自己真正喜爱做的事情，是这一类人的共同理想和追求。而另外一部分发展不是那么称心如意的职场人士，由于此时恰好已经积压了愈来愈多的职业疲劳和职业厌倦，再或者面临无可逃遁的事业瓶颈和职业天花板，此时虽然没有永久退休的条件，但是短期的调整和歇息也是转换跑道前的一个有效做法。所以，40 岁谈退休，是一种很有用的心理麻醉现象，是人在职业中场的一种精神调整。

40 岁退休，想法可能是最好的，但实现起来的难度和结果未必在人意料之中。

首先，能够真正做到 40 岁退休的人必须实现财务自由。这对很多人来说是一个巨大的挑战，甚至是不可能的任务。因为能够用 20 年积攒起后半生安身立

11 规划退养

命的物质基础的确不是一件容易的事情。再加上目前因生活素质的提升和医疗保健的完善，人们自然寿命普遍延长。如果在40岁退休，就意味着需要用20年的工作时间，准备好从40岁到85岁整整45年的生存费用。就算是不考虑通货膨胀的因素，计算出来的庞大数字让许多人想想都觉得困难。除非你在40岁的时候已经成了千万富翁，那样的话意味着你的前20年必须是非常卓越有效的，你已经十分超前地赚到了或者设定了一个系统，自动地为你赚到后半生所需要的所有支出。每个人后半生需要多少钱，自己粗略地计算一下马上就知道，那是一个多么大的数字——一套自住房产、没有债务和拥有供你30年或更久的生活费。或者，你有一个可以帮助还贷、可以提供源源不断生活开销的产生收入的系统。当然，如果你没有忘记加上通胀的系数更好。这个不是很小的数字正是阻挠绝大多数想40岁退休的人的拦路虎，它使你早早摆脱职场束缚的美好计划成为泡影。

其次，对于少数成功突围40岁财务防线的幸运者来说，40岁退休的目标实现了，终于可以在绝大多数人都做不到的情况下，后顾无忧地开心退休了。你可以不工作，自由自在，天天都是星期天。你会尽情地享受这难得的人生经历，尤其是大多数人都不能享受的精彩的经历。

在轻松地享受一段无拘无束、天马行空的日子之后，40岁退休的先行者们会遇到什么问题呢？如果不是财务方面的问题，那就可能是心理和精神方面的问题。人是社会性动物，在绝大多数人辛勤工作为稻粱谋的时候，早早跑到终点的兔子做什么呢？这是那些40岁成功退休的人该跟你分享的后续故事。

根据对这些先行者的观察和访谈，一个不是那么浪漫的结论摆在面前，成功隐退的尚且年轻的退休先行者们，在他们退下来的六个月到三年里，陆续会面临

十倍薪与百倍薪的快意人生

一个无法回避的问题：在余下的漫长生命里干什么？

　　一般地，能够早于普通人一段时间而完成任务者通常是非常优秀能干的人。这些人像龟兔赛跑中的兔子，早早地到达目的地之后，如果不用睡大觉来打发漫长的等待的话，他做什么呢？当然，在现实中，那些提前退休的优胜者各有各的活法，无论是打高尔夫球、环游世界还是安心地做个职业收藏家，根据后续观察，答案都不是很令人振奋，至少不像为实现40岁退休那么振奋人心。通常经过一段时间的休整，那些跑得快的兔子们或早或晚又回到了某个职业中，或者变换了个方式继续工作。经过了人生特殊历练的这群人，这一次对于退休的态度常常有了实质性的改变，很多人从"提前退休"一下子转变为"永不言退"。

　　所以，我们不认为40岁退休是一个切实可行的路子，即便是对于没有财务问题的人，除非你已经拥有了另一个更为精彩的人生计划，除非你已经准备好了一个可以持续终身的嗜好。如果你不清楚退下来做什么，那么，在40岁退休，漫长的空虚将重新驱使你返回工作岗位或者找点事做。40岁可以完成终身的财务规划，可以完成人生目标，可以赚出足够三辈子花的金钱财富，但人生在世不仅仅是有吃有喝地活着，还有精神方面的诸多要求。如果停止日常工作，并且也没有可以替代的、可以持续填补精神空虚的事物的话，那么，在后半生大把的时间里如何打发人生，如何保障精神的充实和快乐，如何让生命活得有意义，这些命题比怎样赚1 000万要难解决得多——人生还真不是仅仅有了财务保障就一切安妥了。

　　（二）60～65岁退休

　　如果你没有走在大家的前头赶上40岁退休，那么你差不多就要随大流和大

11 规划退养

家一样,在人生的退休季节船到码头车到站地正常退休了。过去,退休的年龄被定为 60 岁或者 62 岁,现在随着世界经济下滑,以及各个国家越来越多的养老金支付问题,如因生育率的降低所带来的缴交率不足和人们因寿命的延长所带来的支付负担,还有人们的养老金账户里根本不够用的养老余额等多重原因,很多国家纷纷宣布延长退休年龄,鼓励人们多工作一段时间多积累一些养老本钱。一些国家提出退休年龄在 62 岁,一些国家规定在 65 岁,还有一些国家提议人们最好工作到 67 岁再动用养老金。

延迟退休,无疑对政府和个人都有好处,它可以减轻政府沉重的支付负担,也可以使社会最大限度地使用人的经验和人力资源,还可以使个人延长职业生命、增加活力和积攒更多的养老资本。延迟退休唯一的不足,是将人们享受生活的年限推后了,对于想及早享受人生、安排特别的生活和计划的那些人可能是个不好的消息。

绝大多数的人会根据自己的情况按部就班地选择是应该工作还是应该退休。在这个年龄段退休的人通常能够很自然地接受退休,也有一些会稍稍提前几年结束自己的职场生涯。个别勤奋的富有工作激情的职场骨干,也可能会接受挽留,在退休年龄到了以后继续留在工作岗位上发光发热,奉献余力。如果没有财务方面的问题,很多人都会选择告别职场,享受人生,颐养天年。

值得提醒的是,并不是所有到退休年龄的人都已经做好了退休前的财务和心理准备。根据新加坡公积金局的统计,年龄 55 岁的公积金会员只有不到一半的人积累够了公积金的最低顶限,这意味着一半的会员在他们 62 岁退休之前,需要储蓄更多的退休金。美国和香港的情况也不算太好,据统计,人们在临近退休的时候,至少一半的人还没有为自己的退休做好财务安排。所以,再一次提醒大家，退休金的积累要趁早，如果在青壮年的时候没有及早考虑，在50岁以后开始积累养老金可能既沉重又无法达到一个比较满意的积累效果。

（三）无法退休

这常常是社会上最悲惨的一群。这群人通常因为学历、工作能力或者是健康原因、家庭原因造成他们在将近30年的职业生涯中没有连续地工作或者没有得到正常的晋升和加薪，抑或者根本没有稳定的职业以打散工为生而失去了固定的津贴和福利，还有的则是因为投资失败、生意失败，失去了一辈子大部分存款而不得不继续工作应付生活。

无论是因为何种原因而在年老的时候不得不继续工作，这部分人的生活都太过沉重。"手停口停"，对于年轻人来说是天经地义的，但对于老年人来说就太过残酷。在60岁以后，很多老年人都进入了带病期，或多或少都有几样常见病，体力和头脑反应能力都大幅度下降；与此同时，社会所提供的工作岗位也多是给年富力强者的，能够给老年人的岗位福利待遇也多有折扣。如果辛苦一辈子到了老年还要为衣食操心、为水电账单发愁，老无所依，这样的生活何谈幸福。美国广播公司报道说，现在美国75岁以上的老人仍然有130万人在继续工作。有三分之一的美国人认为，他们必须工作到80岁才能过上舒适的退休生活。金融危机、房价大跌、股市波动、经济衰退固然是重要因素，但美国人不爱储蓄、花未来钱的生活方式也是重要原因。

虽然因为维持生存的原因不能退休，虽然无法退休的人数仅占很小的比例，但是，有个平稳安宁的晚年依然是世界各地所有老年人的共同愿望。人生是条单行线，有许多事情是不能回头再来的。在年轻的时候勤奋工作，及早规划退休生活，自己为自己负责，才能够老有所依，过上安逸的晚年。

（四）退而不休

这群人跟不能退休的人正好相反，他们大多数是积极、活跃、勤奋、执著的人，他们中的许多人自我认知和自我评价都相当高，对自己的满意度也比较高，因而有条件退休也不愿意退休。

退而不休的这类人群通常是那些非常具有活力的一族，包括一些职场的骨干和企业主这两种人群。这种人的一生就是工作和奉献的一生。他们的工作不仅仅只是养家糊口赚取薪金维持生存，还包含了深深的热情在其中。对于他们来说，工作不仅是干活，同时还是他们的乐趣和爱好，虽然对于他们来说爱好并不仅仅只有工作这一种。他们常常能够从枯燥的工作中发现和享受工作所带来的成就感和自豪感，他们常常是工作中的专家角色，是解决问题的那类人。他们将热情倾注到工作中，对工作非常投入，也通常并不太计较工作的回报。他们从工作中得到的常常多于薪水所给予的，或者说，他们是自得其乐。他们是不是工作狂倒不一定，但是，他们对工作的投入和专注是一定的。

正因为他们发自内在地享受工作，因而常常在到了退休年龄之后还退而不休。有的会找到另外的兼职继续发光发热，有的去做不收取报酬的义工，有的干脆换一家公司继续从事他们热爱的职业。如果不是身体吃不消或脑子不管用了，他们有可能88岁了还在忙东忙西。这一类人以专家、教授、企业主和一些异常活跃的职场人士为主。巴菲特、李嘉诚、李光耀还有你家隔壁73岁还在开出租车的那个邻居，都是这样的人，而且生活中不乏这样的人。

十倍薪与百倍薪的快意人生

二、退养规划

1. 确保你不会没钱花。

"钱很多，人没了"，固然是一种霉运，但是"人活着，钱没了"，却是另一种难言的悲哀，它带来更多问题和烦恼。虽然现在的人在家可以靠儿女，在外可以靠社会机构、靠政府，但是最简单最可靠的途径还是靠自己。自己解决自己的问题一是可以掌握主动，二是不给别人添麻烦。关键是有些关于钱财的问题是添了麻烦也不能解决的。所以，有关养老的第一法则，不是你一定要攒够几百万，而是确保你自己不能没钱花。

幸福的老年人各有各的幸福。身体健康、生活富足、子女孝顺、舒心快乐，这是很多老年朋友的最大愿望。不幸福的老年人虽然也各有各的原因，但是，除了健康因素之外，手中没积蓄，不能自己支付生活和医疗费用，老无所居，无依无靠又寂寞空虚，大概是晚景悲凉的根本原因。

纵观那些老无所依的人们，年轻的时候因各种原因没有储蓄足够用以养老的资金虽然是一个因素，但是，辛苦一辈子解决不了自己的养老问题的人毕竟还不是大多数。一般地，有耕耘就会有收获，努力工作又勤俭过活的人通常可以自己养活自己。而正常工作，有收入有储蓄的工薪族最后不能支付自己的养老费用，常常是因为他们掉进了两个无底"黑洞"：

其一，投资失败是损失掉大笔养老金的一个常见原因。当退休了，手中突然有了一笔不少的被解禁的现金的时候，一些退休者会想到用这些钱去投资。但是如果他们不太懂得投资的技巧和风险，又遇到不良投资顾问的误导，盲目进行股票、基金、黄金和外汇等高风险的投资，造成失手而损失本金的事情就会频频发生。老年人要慎重看待风险，不能用"养老本"、"棺材本"来博回报是老年投资的很重要的原则。任何时候都不要用生活费去"钱生钱"。因为退休的人已经没有了固定收入，一旦失去过去几十年储蓄的"养老本"，就再也没有机会挣回来了。即便是儿女孝顺，漫长的20多年全依附孩子也免不了发生摩擦，更何况子女也有经济上周转不灵的时候。所以，老年人不懂投资乱投资是禁忌之一。

其二，"爱人害己"是许多老年人老来致贫的另一个常见原因。一些老人舐犊情深，关爱儿孙远胜过关爱自己。他们不断地资助子女孙辈们，事事以儿孙为先而被"啃老族"掏空所有。这是很多东方老年人常犯的错误。为人父母者总是富有牺牲和奉献精神，没有父母的哺育，儿女就不会长大成人。对于持有东方价值观的父母来说，确保自己不要老的时候没钱花至为重要。无数这样的老人无微不至地关怀自己的下一代、贴补下两代，自愿让年轻人"啃老"，把自己的老来事理所当然地交由子女们来安排，而且排在所有问题之末。

但是，社会发展得这样快，古风并未延续，不是所有的被疼爱的儿孙都会反过来疼爱长辈的，也不是所有的孩子都是孝顺的。即便是儿孙孝顺、愿意奉养老人，现代的社会体系也不会允许他们为守孝而不工作，他们也会面临财务问题。恰恰是"啃老族"因为财务不能独立才更容易陷入经济困顿，自己的财务问题都无法解决还怎么养活老人？基于此，就像每次飞机起飞之前航空公司的忠告"在为你的孩子戴好氧气面罩之前请先戴好自己的"一样，我们提倡在资助儿女之前，请你先解决好自己的养老问题。不要因为你先支付给儿女之后，因为自己老年无依而上演现代版的《墙头记》。

2. 退休后的开支。

人没有真正到了那个生活阶段，其实很难具体地预测那个阶段的所谓开支。

十倍薪与百倍薪的快意人生

相应地，经过调查和分析粗略地预计，多数人到了老年阶段，如果没有太严重的疾病增大开销，那么，对于老年人来说生活支出将是最重要的支出。通常，你的生活费并不会因为你的退休而改变多少，这是因为你原有的生活不会因为退休改变太多。这笔生活费是你应该在退休前就已经陆陆续续存进你养老金账户的。如果你在退休前的几年尚未完成这么一笔基础性生活费用准备的话，那么，很可能你连退休都退不成了。

值得欣慰的是，如果健康没有太大的问题，那么，多数上年纪的人的消费水准将会有所下降：不必再在服装上、汽车上有大笔的开支；有些退休的人还会从城里的大房子里搬出去，套出一些现金，居住在更便宜的城市里，节省生活开销。同时，因为收入减少了，所得税也会减少；保险通常因为有连续超过20年的支付，到退休的时候就不会有太多支出了，除非需要增加额度。

但是你必须留意的是，在这几方面或许有你想象不到的支出：一个是你未成年或者已经成年但还跟你居住在一起的子女；你通常不知不觉或者清楚明白地在替他们负担一些支出。据调查，通常是那些和我们最亲密的家人在蚕食着我们的积蓄——如果他们不能自立的话，如果他们习惯"啃老"的话。另一个是你老年之后总有一天会出现的几种重病、大病，如高血压、心脏病、肾病和癌症等。这些疾病是突然或者持续消耗你养老本钱的特大元凶。此外，辛苦了一辈子的你不自觉地在旅游上花费了太多，因为现在有了大把的时间，你外出旅游的次数会明显增加，如果不加控制，吃好玩好的"漏斗"也很能漏钱。

还有一个重要的老马迷途的地方，使老年人在老龄时期遭遇财富重创，就是老年人的离婚和再婚。

总体上说，大多数人在退休生活中都能够做到量力而行，并且感到比以前支出减少了，感觉生活得更快乐了。

3. 不要什么都不干。

"退休了就该享清福了！"这是大多数退休人士的口头禅。对于辛辛苦苦一辈子的老年人来说，退休后享清福，跷着脚图清闲，不是什么不好的事情。只是为了保持健康和脑筋的灵活，防止因工作突然停顿下来而造成的无所事事和精神空虚，你千万不要退休之后就什么都不做，天天坐在沙发上看电视。研究表明，那些退休后不再用脑的老年人衰老的速度是非常快的。工作时期的节奏和适当的压力是保持健康和活力的动力，退休后没有了压力和责任，天天都是星期天，家里通常也没有太多的家务，每天对着四面墙的被动生活将很快夺去你的智力和活力。

有许多宣传和各种提醒都在告诫退休后的老年人要广交朋友、积极参与社区活动、参加义务工作，从而让自己的生活更充实。更为积极一些的，并不在乎得到的金钱回报是多是少，重返职场做些后勤工作和力所能及的服务性工作。记住，不脱离社会是最重要的事情。另一方面，哪怕是区区几百块钱一个月，哪怕只是去工作两三个小时，都会使身体更健康、心情更舒畅，并且能够大大帮助那些养老金不那么充裕的退休人士。任何积极的有意义的事情对退休以后的老年人来说都是非常有价值的，千万别什么兴趣都没有、窝在家里什么都不做，成为四面墙里孤独的囚徒。

4. 不要太早动用养老本。

由于从今以后相当长的时期里，经济的发展速度都不会再出现突飞猛进的态势，高通胀、低利率的情形会长期存在，钱的贬值速度将越来越快，与其能有所作为的时候就动用养老本钱，不如稍微延迟一些时日——能够多迟就多迟吧——

再开始动用养老金积蓄，这样对你未来的时日都更加有利。如果你能够推迟五年再动用你的退休金或年金，每个月稍稍多出来的数额，对于你将来余下的二三十年寿命来说，非常非常有帮助。毕竟，全球化的老龄社会已经步步紧逼，未来20年以后的人工成本只会上升不会下降，总有那么一天你需要看护，那个时候你需要缴交多少钱才可以得到一个床位和雇用一个私人看护多长时间，谁也无法明确地告诉你。

5. 退休后的财务调整。

在临近退休的时候，你应该自己或者在财务顾问的帮助下为自己做一个综合的退休规划，调整和改变一些在此以前作为常态的财务安排。比如，减少一些高风险的股票投资，代替以低风险的信托产品和债券；留心一下你的医疗保险和人寿保险是否已经覆盖全了你可能需要的；审视和清偿所有的贷款，最好不要给自己留下债务；如果房产已经是净值的话，如果现金不够养老，也可以考虑反向抵押贷款套取部分现金维持生活水准。总之，把所有的事情都重新审核和考量一次，想清楚自己的生活原则，安排好所有的财务问题，让自己处于一种轻松自在的状态，然后安然地迎接自己的黄金暮年，快乐轻松地颐养天年。

6. 预先医疗指示和大事安排。

还有一件非常重要的事情希望你不要避而不谈。你的细心和爱心将给你的至爱和家人省去许多的困惑和麻烦。

当财务安排到位之后，你还应该去见一次律师，咨询一下遗嘱、财产分配和继承方面的法律条规，以及在万一发生不测时所应有的预先安排和备案。

人生在世，生老病死都是必然，现在人们都已经比较开明了。如果你可以接受人寿保险，基本上也可以接受遗嘱，因为人寿保险其实也是一种预先安排。天

11 规划退养

有不测风云，人有旦夕祸福，在60多岁以后因各种原因罹患重病和辞世的人已经不在少数。人在临近老年的时候，已经可以看到世事的无常，也比较能从容、淡定地讨论和处理各种应该考虑到的事情，以及对它们进行预先安排和交代。现代的法律制度又是这样细致和完善，只需要在想透彻之后到律师楼签署一下文件，就可以明明白白地按照自己的意愿处理好所有身后大事的安排。

随着失智症的增多，有关遗产和其他事物的预先指示，给万一发生不测及后事处置留下了法律认可的依据，同时也可以按照当事人自己的心愿对事物进行处置。目前在许多国家，有关遗产的规划和执行，有关安乐死和预先医疗指示的法令都已经实行。不仅仅老年人并且包括许多已经成立家庭的年轻人都已经认可和接受了这类安排，希望在发生重大事故或丧失治疗可能而自己又不能做出决断的时候，按照他们清醒时慎重考虑过的方式不进行耗费巨大财力、心力的无价值的抢救，或者在老年失智症发生以前明确地分配好自己的财产、安排好家人的生活。

在这个世界上，有些事情是一定会发生的，现代人希望按照自己喜欢的方式、自己的心愿来安排自己的最后事情，又何尝不是一种开明和进步呢？而作为已经步入人生晚秋的老年退休人员来说，可能比年轻人更需要清醒地做一些预先安排，做好这些重要的法律程序对于自己最亲爱的家人来说，又何尝不是一种爱的交代？如果你珍重自己和关爱家人，人生又有什么是不能够谈论、不能够规划和安排的呢？

12

真正富有的精神实质

当你读到这里的时候,作为刚刚独立走上社会的年轻人,伴随着今生今世自始至终与你形影不离的金钱和精神活动,你已走过了大部分的财富之旅。相信你已经大致了解了财富在你人生中的位置,并且对自己未来的财富人生有所感知。仔细地审视过金钱和财富之后,我相信你已经建立起自己对金钱和财富的一种态度,一种更实际、对你更有帮助的态度,这将有益于你的幸福人生。

一、穷人和富人谁更受欢迎

现在,请你思考另一个问题:穷人和富人谁更受欢迎?如果你不能一下子说出答案,没关系,那就思考一下穷人为什么穷和富人为什么富,再或者,想一下,导致穷人贫困的原因和导致富人富裕的原因。答案是什么无关紧要,重要的是你已经在思考。

如果让大家举手表决的话,恐怕没有多少人愿意选择做一个穷人,但是也没

12 真正富有的精神实质

有多少人公开地拥戴富人。这个有意思的行为说明对于金钱，虽然我们需要它，无法摆脱它，但是依然顾虑重重。

很显然，富人们的名声直到今天还不是那么好。虽然报纸上电视上天天都有这样那样的有关富人和财富的正面报道，但是人们对于富人的评价依然贬大于褒。虽然人们在贫富这个问题上态度相当矛盾，每个人从内心里宁可做富人也不愿意接受贫穷，但是对于如何做一个受欢迎的富人，还是没有定论。这种矛盾的态度说明人们对于富裕，对于超出小康之后财富的把握，还很模糊，还很陌生，对于大众心向往之的"财富人生"还在半云半雾里。

目前穷人与富人的对立，很大程度在于自己到底站到了哪一边，而社会、环境、经济基础和自身的能力以及机遇和运气等等造成了自己在社会上的相对的位置坐标。对于这个既定的坐标，无论贫富很多人并不愿意接受和感到满意，只是不容易改变罢了。毋庸置疑，贫穷的日子是不好过和不舒坦的。均贫富式的揭竿而起往往是社会等级过于森严、贫富差距过大造成的。几千年前"王侯将相宁有种乎"的呼声代表着一种身份、地位、财富和人格的平等诉求，代表着求新求变和改善自身命运的要求，但对于目前的社会体制来说，很多国家都已经积极地推行社会公平体制，鼓励个人奋斗、扶助弱势群体，尽量提倡公平和自由的个人成功之路。对于个人能否在有生之年过上好日子、享受幸福人生，某种程度上责任在个人而不完全在于社会体制。

富人的形象问题是个值得深思和探讨的问题。在过去，富裕往往和王权、等级、欺凌、剥削和压榨联系在一起。几千年来的历史都只记载了王侯将相、宫廷贵族、军阀势力、奴隶主、资本家的掠夺式的财富积聚，根本谈不上普罗大众式的平等和富足。对于那些血淋淋的奴隶时代，独霸一方的封建社会，跑马圈地的

十倍薪与百倍薪的快意人生

资本主义社会，被剥削和被压榨的大多数当然嗤之以鼻，资本，被马克思、恩格斯斥之为"每个毛孔都滴着血和肮脏的东西"。人们幻想建立乌托邦式的平等与美好。

到目前为止，理论探讨尚在继续，社会实践仍在不断发展。虽然说社会的生产力和科学技术都大大地发展和提高了，社会公平体制在许多国家也都不同程度地有所改善，人民拥有的财富也已经今非昔比，但是完美的、全社会共同富裕的发展模式暂时还没有找到。目前无论是资本主义国家还是社会主义国家，大家都还没有从根本上解决贫富两极分化的社会问题，还没有实现全社会尽善尽美的分配体制。相对于百多年前明显不公的社会体制来说，只是建立了相对公平公正、有法可依的生存环境，以及有保障的现代基本生活体系。贫富差距依然是许多国家面临的难题，依然是引发社会动荡的重要因素之一。

大概是由于历史上财富的出身带着天然的遗臭和后来的暗伤，现代人看待财富的眼光依然谨慎而敏感。值得庆贺的是，经过近百年的财富反思和批判，尤其是现代教育普及之后，人们对财富的本质看法渐趋客观，逐渐转持一种开明、开放、接受和平和的态度。虽然拜金主义古已有之，但是今天的人们已经认识到金钱与幸福相辅相成的关系，不再那么顾此失彼。

答案具有讽刺意义：我们无法证明富人和穷人谁更受欢迎，但是金钱是大家都需要和离不了的。有很多例子和研究结果都说明，贫穷的生活是人人都希望摆脱的，富裕自由的生活是人人都向往的。无论如何，富足的生活使人更加舒适和满意。可以肯定的是，金钱不等于幸福，也买不来幸福，但是一贫如洗的生活没有保证也根本谈不上幸福。在剖析了人性的劣根之后，金钱其实只是穷人或者富人优和劣的外在附加因素，只不过因为金钱作为社会的流通代码之一，它独特的

12 真正富有的精神实质

作用无可替代而被人们当成引发许多事件的导火索。如果真的要分辨穷人和富人的优劣，应该从二者的各种习惯和行为结果上去研究并得出结论。目前相对的认知是，富人和穷人一样都会犯下杀人放火、强暴欺诈、偷盗非礼等罪行。人性的缺憾并不因为贫富而有很大的差距。

相对于富人来说，穷人首当其冲的压力来自于金钱上的困窘。财务困境让很多人面对账单无计可施，即便是有许多想法也不能实现。相对于穷人来说，富人长袖善舞，没有财务上的问题，却有很多心理方面的压力。毕竟，有钱人在任何社会里都是金字塔的上层，即使在最富裕的国家，富裕阶层也不会达到全社会的20％。财富总是招眼的，财富是人们最重要的隐私之一，这是因为"露富"有可能带来极大的麻烦甚至灭顶之灾。另一方面，一些富裕和膨胀起来的人也的确用金钱书写了数不清的臭名昭著的坏样板，这些劣迹被社会媒体放大了之后，就演化为目前大家对待富人和金钱既爱又恨的矛盾态度。

其实，无论哪个国家和社会，都无法清楚地说明，富人更好还是穷人更好。但是，毋庸置疑的是，现在无论哪个国家都向富裕人士敞开大门，政府出尽法宝鼓励民众自我完善和自我致富，鼓励所有的人努力工作成就自身，在独善其身的同时扶助弱小，在正确的金钱价值观的基础上拥抱财富，建立和谐文明的社会，实现幸福富足的人生。

二、独善其身与兼顾天下

在今天基本公平的社会环境里，新一代的富裕阶层已经不像他们祖辈那一代人那样艰苦卓绝地发家致富了，今天更多的人在更有保障和更宽松的鼓励创富的社会体制下，依靠自己的能力、学识、聪明才智，依靠兢兢业业的踏实工作和领

十倍薪与百倍薪的快意人生

先于人的发明创造，通过多年的勤奋努力而使自己和家人过上富足的生活。在大而化一的现代社会，可以继承贵族爵位的人全世界寥寥无几，能够借先人荫庇继承祖上万贯家业的人也不在多数。根据统计，目前绝大多数的百万富翁都是白手起家的，更多的人正走在工作致富、投资致富的路上。这样，我们有必要在现当代新型的社会制度下，树立一种新型的富裕阶层形象，让人人乐意追求的财富以一种更受欢迎的形象深入人心并造福人类。

在现代社会里，许许多多的财富偶像起到的是正面意义的推动作用。亚洲首富李嘉诚捐助几十亿给教育和大众基础设施；世界首富比尔·盖茨和巴菲特也在一年多前宣布"裸捐"，即在他们死后将所有的财产捐赠给社会。欧美国家的大学3/4的经费是公众捐献的，世界许多著名博物馆里的很多收藏是收藏者贡献给全人类的。新时代的财富取之社会，回馈社会。在创造财富的过程中，制造了大量的就业机会，贡献了税收，在财富形成以后，以更大的动能回馈社会，造福人类。

据统计，美国富裕阶层前25％的人，缴交的税收占全社会的85％；收入最低的50％的人口，缴交的税收仅占全部所得税的4％；59％的百万富翁没有离过婚，越是富有的人捐献越多。这些都说明，你我生活的时代不同以往，人们可能会犯一些错误，但是人们也在尝试做好人、做正确的事情。人类的历史正是从不正确到正确的寻求中发展进步的。在今天，社会给绝大多数的人公平发展的机会，每年，百万富翁都以两位数的比率在世界各国迅速成长。我们是不是需要给财富和富裕一个正确的机会，让成熟的、令人尊敬的新富阶层不再是社会的一小部分而成为包含你我在内的、大众的、一个潮流性的主体呢？

通过自己一生的努力，创造和拥有300万到500万美金的财富，消灭贫穷，

12 真正富有的精神实质

财务独立，使自己不再是社会的负担并且能够帮助他人，这不是实现不了的事情。通过提高财商和投资技能，融入具有普世意义的财富主体，让自己在新兴的大众的富裕标准下达标，成为独善其身又兼顾天下的社会贡献者，这是不是更令人向往和自豪呢？

三、健康的财富心态

关于金钱和财富，我们需要了解的还有很多。这个围绕和伴随人一生的不可或缺的宝贝，自古以来都让人爱恨交加、难以取舍。鲜有人不爱财富的，有没有拥有财富的机缘当然又是另外一回事。没有钱的人拼命工作为了赚钱，有钱的人还想赚更多的钱，并且费尽心思想留住自己的钱。钱能够帮助人们实现许多许多瑰丽的梦想，可以帮助人们过上幸福的生活。钱也害得人走火入魔、人性沦丧。这个世界上有多少贫穷的故事，有多少被金钱压弯了腰的不幸，这个世界上还有多少因金钱引起的争夺角逐、挥霍无度、道德沦丧与世态炎凉。只有金钱是同时带着天使和魔鬼的双重面具出现在人们面前的。

无论做什么事情，健康正确的心态都是第一位的，没有良好的心态什么都不能够做到最好和持久。但是，良好的心态不是天生的，没有后天的陶冶、历练、磨合和反省、调整，就不会有开朗健康、百折不挠、快乐向上的人生。有句老话说，"人生不如意者十之八九"。因为钱财引起的纠纷和困扰是人生最常遇到的，据统计，生活中80%的烦恼是由钱财引起的。一些人终生都被家庭财务问题纠缠而为之烦恼。不管有钱没钱，不为金钱烦恼的人是少数。十分奇怪地，没钱有没钱的烦恼，有钱有有钱的烦恼，在这一方面，二者倒是扯平了。所以，建立健康的金钱价值观和正确的心态，或许可以排解和减轻一些金钱带来的烦恼。

十倍薪与百倍薪的快意人生

事实证明，钱多钱少，快乐最好。幸福并不和金钱画等号。金钱带来的并不一定是好事，这已经早已被证明，"有钱不快乐"倒是越来越让人们警醒。所以，生活在当下的人们越来越想弄清楚金钱和幸福的关系，关于金钱和幸福的探讨将成为一个大众更加关心的命题。拥有一个健康的财富心态，是决定你这辈子财富的道路怎样走、走多远和是否拥有幸福的定盘星。拥有财富和拥有幸福是不同的两码事，财富和幸福相互关联，二者相伴共生；财富可以影响幸福，财富又不等同于幸福。财富是一个变量，它的加加减减都能影响人们对于幸福的感受。

财富是怎样的一个变量呢？首先，由于利率、时间和各种变化着的因素，人们的财富值是一个随时跳动的数字。"金钱无脚走天下"，金钱是流动的，钱来钱去，随着人们的交易和活动变化而不会停歇。金融危机、通货膨胀，甚至是一场天灾人祸，随时随地增减一个人已经拥有的财富。现在有的不见得将来还有，现在这么多的不一定将来还是这么多。世事无常和金钱的这种变动性是带给人们内心不安全感的根源。很多因素会影响到一个人将要赚到的钱和已经赚到手的钱。现在的人们经过了多少世纪的历练，已经看到了这个事实，对金钱愈发想得开，并正在减少对金钱的狂热、执著和依赖。人们在生活的历练中，用无法形容的代价逐渐认识到凡是金钱能够标价的都不是最值得珍惜的，而金钱不能购买的东西更多地支撑着人们的精神并创建着人们的幸福，如亲情、关爱、兴趣、快乐、体验、施与、帮助、分享等等，在物质生活得到保障以后，人们通常从精神方面营造和提升的幸福感更多一些。

其次，财富管理在财务数字之外也是一种心态和观念的管理。在"淘金"和"滚雪球"的历练中，人们将无数次地体验到各种各样复杂的人类情感和心态，得、失、取、舍无数次地牵动人的神经，被扩大和外化的金钱情绪问题更会一层层地渗透和影响人生，人们在一次次的选择中完成心向和价值观的提炼和沉淀。这种由金钱引起的心境上的跌宕起伏在人们逐步成熟的过程中会使人最终走向幸福或者不幸福。

没有健康的心态和健康的财富观念，最终还是无法得到内心的平衡和宁静。在经历过人生的风雨之后，方显心态这种无形财富的价值。有些人中一次彩票大奖反而毁了一生，有些人几经成败起伏依然可以东山再起，有些人在穷苦的时候励精图治，有些人在巨富之后返璞归真。财富对人的考验和历练，是一种人人都躲不开的磨砺过程，在反反复复地冲击、洗刷、熏染之下必定会在人心中留下深深的痕迹。

四、富足的生活与大爱的心灵

无论是主观为自己客观为别人，还是共同富裕的现代理想，现代社会对于社会的共有、分享和援助、支持等等都比以往任何时候做得更好。我们不会奢望很快就过渡到机会均等、财富均等、文明和谐的理想国，不会奢望在短时间里实现全社会富裕安康、人人富有，但是，共同富裕、更多人的富裕无疑是很多国家很多政府也包括大多数民众的理想。当一个社会更多的人摆脱贫穷、过上较为富足的生活的时候，当更多的人可以自立、不需要扶持的时候，当更多的人在自己富裕之后更踊跃地回馈社会、广施仁心的时候，无疑，我们的社会才会更加稳定、更加安全、更加美好，也更加接近人们生存的理想。

贫困严重地限制了人们的生活和行动，也加剧了方方面面的问题和增加了社会矛盾。富裕带给人安定和舒适，带给人享受和愉悦。过去常说"饱暖思淫欲"，摆脱贫穷有了钱，如果没有做到财富与心灵、精神一起成长的话，这是个不能避

十倍薪与百倍薪的快意人生

免的问题：辛辛苦苦地赚钱、打拼，在成功到来的时候，败给没有成长的精神；那些血汗钱变成不健康的享乐的添加剂，成为富裕之后个人、家庭的毒害。"黄、赌、毒"是空虚的心灵用金钱买快乐的常见特征。在富裕和成功之后败给金钱的个人和家庭、合作伙伴都不在少数，很多人共同经历了艰难岁月的打拼却不能共同拥有财富，可共苦而不能同甘，不能不说金钱的诱惑力和腐蚀作用之强大。如果没有健康和不断成长的精神力量，富裕后生活和心理上所出现的问题，同样让人们感觉不到幸福。

根据对中彩票获大奖的幸运得主的后续生活的研究表明，即便是苍天有眼给予他们好运气，用巨额奖金砸中的这些幸运儿，他们的好日子通常在五年之内结束；在狂欢、挥霍、滥情、随意支配和盲目投资之后，他们中的大部分又一次回归贫穷，只有很少一部分人能够用这天降之财过着幸福生活。这个例子说明，财富人生并不仅仅表现为拥有万贯家财，非常重要的，财富人生需要一个健康的精神和心理来保驾护航。

生活已经让我们看过太多"财富双刃剑"的威力。随着人们对金钱和财富更加深刻的体察和认识，相信人们越来越多地能够把握财富和幸福的平衡。建立正确的财富价值观、拥有富有大爱的心灵、创造财富、分享美好、回馈社会、拥抱快乐无疑是未来人们追求的大方向。英国的电视节目"秘密百万富翁"叙述的就是这样一个又一个平实而又感人的真实故事。爱心拯救贫穷，既完善了自身又帮助了有需要者，创造了个人财富也分享了共同富裕的精神实质。正是这种分享和大爱传播，创建了人类社会才有的辉煌的物质财富和无限美好的精神财富。

第三篇

财富策略透视
——我目睹的
创富故事

十倍薪与百倍薪的快意人生

其实，你可以在图书馆里找到上百本有关创富故事的书。这些故事中许多人物的精彩人生也同样激励过我，例如《滚雪球》中的巴菲特和《乔布斯》中的苹果创始人乔布斯以及活跃在报纸杂志文章中的亚洲首富李嘉诚。他们连同更多的世界优秀的企业家以其传奇的创富人生，不仅仅在创富方面，更在创意、贡献和价值观等诸多方面谱写了辉煌人生的典范篇章，在创造世界级惊人物质财富的同时，也引领了人类精神的新潮流，树立了高山仰止的风范。

这些传记和故事当然值得细读。不过，在这里，我将要介绍给大家的是生活在你我身边的平凡的人物。作为他们的商务顾问、合作伙伴以及朋友，这一二十年我目睹的是他们虽然普通但绝对精彩的成功故事。之所以这样选择案例人物，一是不必炒剩饭谈那些大家早已经耳熟能详的经典人物和细节；二是个人认为，这些生活在身边的人的成功故事更具参考意义和借鉴价值——那么贴近、那么真实、那么有现实意义，就像住你隔壁的百万富翁的创富故事更能够让你对自己的犹豫、懒惰、不作为生出惭愧及改正之心。我很愿意分享他们的精彩人生，是因为平凡的他们曾经深深打动我、照亮我，希望这些人的真实经历亦可以让你信心满满：如果他们能，你也能！

鉴于案例中的人物除一位外均健在，考虑到尊重和保护这些成功人士的个人隐私，所有案例皆隐去人物的真实姓名、公司行号及任何有可能透露其身份的细节，全部案例仅从研究成功商业人士的成功因素入手，探讨其成长背景、性格与天赋、憧憬与梦想、金钱观与价值观、职业经历、消费习惯与财富人生的关系，同时，限于时间和篇幅，仅以透视、白描的手法叙写，简要探讨其财富策略和实现路径。文中皆使用化名，特此说明。

1. "就想做到最好！"

人物：谭先生，公司董事经理，大学学历

品牌产业管理公司创始人，著名国际地产顾问公司合伙人

身材瘦小的谭先生66岁，头发花白，镜片后的双眼炯炯有神。他说15岁开始在父亲的杂货店帮忙，也跟着父亲学习做生意。因为父亲在那个年代受教育有限，他最早除了帮忙看店、上货之外，更多的是盘点和记账。在他记忆里，家庭对他最大的影响是父亲的勤劳和品行。

谭先生性格坚定而充满自信。他回忆说年轻的时候由于家境原因，有好多事情都只能靠自学。他认为没有什么是不可以自学的。他喜欢钻研，喜欢解决问题，他的性格很像父亲，坚韧、不放弃、颇有耐心。他说他最大的优点是令人信任和诚恳。他习惯全面深入思考，凡事考虑清楚之后才去做。他决定了的事情就一定会去做，他会计划得很周全。"不可以失败的，"他笑着说，"有把握再去做，不能有差错。"看来，他属于执著、沉稳、缜密的那类人。

谭先生自认为是思考型，他不爱抱怨，喜欢赞美。谈到如何面对失败这个人生难免的问题时，谭先生十分轻松地说："只要不饿死，什么都能做，人活着就不会有问题。"他认为跌倒了爬起来是人生常事，"重新来过不就行了？"问他成功了以后会怎样，他沉思了一刻，认真地说："就算是成功了，可能会影响很多人，但（对自己）没多大改变。"他笑得十分淡然，"还不是像过去一样吃饭、穿衣？不会很奢侈吧——应该会去买两件好T恤衫。"他笑得像婴儿一样纯净，用

十倍薪与百倍薪的快意人生

手指捻了捻身上的 Burberry 咖啡色格子 T 恤衫。

谈到人生目标这个问题，谭先生说他没想过发达，没想过要很成功，在他的思想里就一个念头，铁定认为勤劳了就会成功，并且"做事要做到最好"。他咬着嘴唇狡黠地笑着，扬了一下眉毛："一定要比×××（竞争对手公司）更好！"他认为人奋斗的动力在兴趣上，"一定要做自己喜欢的事情！求新，求好。"他说，"为了名誉，不能被人赶上，一定要努力！"他以一贯简短、坚定的语气说。

谈到金钱、价值观和赚钱目标，谭先生说："如果能控制钱就是好的，被钱控制了就是坏的。为了钱做不道德的事情就太不好了——"他轻轻地说。他说自己并没有预定一个明确的赚钱目标，如果你做得好，事情自然会找上门。"如果你做得很好，钱自然也就很好赚；但是也不能说就是为了赚钱，如果人这一生只为了赚钱，也许很快就达到目的退休了——因为你没有工作的兴趣。如果你的兴趣是在做事情上，你就可以做好要做的事情，而且可以一直做不厌倦——钱也就自然而然不断地来喽。"

谭先生一生从事过两种职业，一个是建筑工程方面的项目经理，另一个就是现在已经做了多年的地产顾问。他在 39 岁的时候在以前服务的公司被升职为董事，作为一个颇有名气的地产顾问公司高级管理人员，他的年薪大概在 30 万新币左右。他在 44 岁的时候赚得了自己平生第一个 100 万。在 49 岁的时候，他辞职开办了自己的地产顾问公司。经过 12 年的奋斗，谭先生的公司成为行业中的佼佼者。因为年事渐高，私人企业后继无人，他开始考虑卖掉公司或者引进合作伙伴。功夫不负有心人，经过三年的物色和谈判，一家位居前三的国际著名产业公司收购了谭先生的私人公司。谭先生以他缔造的公司品牌、卓越的服务口碑和超过 110 个网点的服务网络成功地实现"创立公司卖掉它"的财富策略。

卖掉公司之后是不是就退下来了呢？谭先生笑了："不——会！"他朗声说着

1. "就想做到最好！"

并且纠正："严格来说，不应该叫全部卖掉，其实我还留有将近一半的股份呢。"他得意地微笑着："不干活你让我做什么？身体健康、头脑清醒，每天打球？不！不！不！我愿意工作！我愿意每天都在办公室待着，我每天都要亲自解决问题。退休？我看要到干不动的那一天，75？I don't know."他轻轻微笑并且坚定不移地做了个手势："我永不言退。"

针对富裕人士成功后的消费习惯这个问题，谭先生回答说，早期受父母的影响，很节俭；中年以后，自己比较爱存钱。"挣100万，花100万——"谭先生眯着眼睛摇摇头说，"那还是穷！能存下来人才会有钱。"关于他自己的消费方式，他说他喜欢玩车，到现在为止一共换了四五台车，最贵的是一辆日本凌志，21万，其他的都是普通车；他有一只1万元的手表；每年出国3～4次，每次花费几千元左右。"不坐头等舱，永远经济舱！"谭先生不以为然地强调。他最高兴最欣然的是一次海外旅游一共花了一个月，消费了两万五。"那是卖掉公司之后——我终于实现心愿啦。"谭先生平时在家吃饭，每一两周去一次日本餐馆，每次花费100元左右，中午就在办公室楼下吃大排档。"几块钱一顿而已。"他说他每个月的消费不高，几千元而已。

在投资理财方面，谭先生说他不炒股票、不炒房。"我是专业人士，我喜欢管理工作——我只需要管理好我的公司。"他坚定地说。他住在自己规划的、请设计师朋友专门为他设计的一处漂亮的半独立洋房里，有着日式花园和锦鲤池。他说赚到的最大的一笔钱就是卖公司股份的几百万。"我喜欢平平淡淡的生活，喜欢帮助别人，喜欢教那些年轻人，喜欢每天找点事情做，我最大的快乐就是工作。"他一直轻轻地说，浅浅地笑，似乎在印证他的信念："专注、耐心、坚韧、不放弃，没有什么是不能做到的"。

2. 财富出少年

人物：吴先生，41岁，大学学历

房地产开发商，通讯器材经销商，上市公司股东

    吴先生身材不太高，略胖，实际年龄比看起来要年轻得多。他说他出身于军人家庭，父亲一直在军队工作，坚毅和干练是父亲的风范。父亲管教得非常严格，他十分敬佩自己的父亲，希望有朝一日能像父亲一样调动千军万马，做令人敬佩的将军。

    吴先生说，他最早有关金钱的概念来源于儿时的游戏：先是集烟盒、火花和糖纸，后来就发展成了邮票。那时候邮票一张只有几分钱，家长给的零花钱舍不得花，为了买邮票，常常省下几分钱的交通费而步行几公里。越集越多的邮票产生了交换价值，集来集去、换来换去，脑瓜灵活的他不知不觉就成了当地有名的"邮票王"——因为他将别人不要购买的预订券集中起来拿到交易市场去调剂余缺，由此"资源整合"产生的免费邮票便具备了真正的票面价值。年少痴迷的他所有的空余时间都在跑邮局和泡邮票市场，在交换和出售产生的利差中，吴先生小小年纪便已经在零用钱上"财务自由"了。"中学时代我就自己支付自己简单的午餐钱，自己给自己交学费，并且还可以给妹妹一点零花钱呢。"吴先生说起自己的少年英雄史，禁不住两眼放光。

    然后，就是各种尝试的延续。"不识闲儿"的他在高中时第一次听说了过去只有在电影中才能看到的"炒股票"当时可以开户了，便十分好奇地跑到证券公

司开立了账户。"那时候做股票的人少！我清楚地记得我的账户号码是008——第八个开户的人。"回忆使他眉飞色舞，"听说能赚钱，我就把我那几年攒的钱都放进去了。""赔了赚了？"他答道，"那肯定有赔，刚开始谁也不会做。不过后来我的本儿翻了50倍！"

再然后就是大学时期。"那时候刚刚好赶上城市起步发展，政府在市中心设置了夜市。我就跟几个朋友跑过去租了个摊位，白天在学校上课，晚上在夜市卖牛仔裤。坐着火车到外地的服装批发市场进货，然后再雇同学一起轮流守摊儿把批发来的服装加价卖掉。那几年，全城的牛仔裤都是批发给我们几个年轻人的。"吴先生讲得神采飞扬，"应该说，第一桶金就是从摆摊儿赚来的。"他略带沉思肯定地说，"那时候我们几个在学生中，已经算是很有钱的啦。"

转眼大学毕业，吴先生被分配到一家公司工作。跑惯了的人很难适应坐在办公室里的工作，他就要求去做市场。几年做下来就长了胆量，干脆打报告停薪留职，自找门路发展去了。

"那个时候我还年轻，看见什么都想学学、试试，啥都想干。前前后后尝试过十几种工作，什么推销啊、修汽车啊、卖传呼机啊什么的，后来看人家都在盖房子，就跟朋友合伙儿注册了房产公司——那个时候门槛非常低。做了几个项目，就这么赚了几千万。"吴先生慢慢地回到了现在。

成为开发商也面临着问题。"房子卖完了，也遇到了房产的调整周期。一时间房产市场一片萧条。暂时就不能做了。一把钱在手里，就得考虑继续找项目发展啊。"吴先生说，他随后看中了电信这个无限广大的市场，想引进一个品牌做总代理。"你想想人手一机是什么概念，这个市场有多么广阔。"他也考虑拿出一部分资金，投资到另一个合伙人的公司，因为这家公司正在筹备挂牌上市。

十倍薪与百倍薪的快意人生

在写本文的时候，吴先生已经是这家上市公司的股东之一了。随着他的资产规模跨上一个新台阶，人也更忙碌了。"我正在世界各地走走，想找一些好项目继续发展。另外，越来越感觉到自己的不足了，的确需要开阔一下眼界，学习一下人家的思路。再者，现在越做越大了，肩上的责任越来越重，我也需要好好地想想，这以后路该怎样走。"

让我们拭目以待，看看吴先生怎样与时俱进地改写他的财富记录。

3. "有钱就投房地产!"

人物：阿珍，女，44岁，大学学历

媒体人，美容院业主，药品代理

"我跟你们大家都不一样！我是个苦命人，我必须自己努力。"一上来，阿珍就开宗明义，说明自己能有今日的成绩，一是完全无依无靠，二是必须自己打拼。

阿珍是有一点不太幸运。在她生下孩子后不久老公就有了外遇，倔强的阿珍就毅然跟那个负心汉分了手，自己一个人带着孩子过活，那个不负责任的男人甚至一直都没有付过孩子的抚养费。手快嘴利人靓的阿珍好在还有一份不错的媒体工作，养活孩子自然不成问题。不过，生活依然比较艰难，她还需要照顾年老无依的妈妈和刚刚大专毕业的妹妹——三个单身女人老的老，小的小，还带着一个不到三岁的孩子。阿珍要是不想办法额外赚些钱来，日子还真不轻松。

"钱从哪里赚呢？"阿珍回忆道，"那时候我儿子还小。很困扰的一件事就是经常得买衣服买鞋，小孩长得快，小孩的东西又贵又不耐穿，往往没穿几次就穿不上了，你就又得去买新的——我突然领悟到，小孩的东西比大人的贵多了，也好赚多了。"她咯咯地笑着说，"反正你愿意得买，不愿意还得买，谁舍得亏着孩子啊。"阿珍的童装生意就这样被儿子的衣服鞋袜启发出来了。

童装生意果然好赚。不仅缓解了阿珍家一份收入四张嘴的生活困境，还解决了妹妹的就业问题——姐姐进货，妹妹看店。更为可喜的是，几年下来，居然赚

十倍薪与百倍薪的快意人生

得眉开眼笑。"每次年底一结账，看到账上几十万，哎——呀！那真叫高兴。我们从小节俭惯了，日子过得去就好，也没什么大件要添置要花钱的，钱放在账上也不是办法。买什么呢？啥东西一次能花几十万、上百万呢？"阿珍笑得见牙不见眼，"那时候我工作忙，妹妹还小，老妈其实也啥都不在行，我们都不懂那么多钱拿来干什么。于是想来想去，就只有买房子了！"阿珍就这么误打误撞地开始了她的房产投资，那大概是90年代中前期。

"十几年前的房子那叫便宜哦，"阿珍说，"刚开始也就是给老妈买一套两居室改善一下居住条件，很快地又给妹妹买了一套准备结婚用。这之后我做了个健康节目，反响很不错，求医问药的打爆电话。赞助商眼珠子一转，就非要求我做他的药品代理。"阿珍绘声绘色地讲着，"哎呀妈呀！药品啊，人命关天，我可不敢呐——又不是鞋子，质量不好扔掉，赔点钱算了，药可不敢卖。但是，那个药厂的人死缠烂打，说，我们是外地的，在你们这儿没人，这药还真不是随便交给谁就可以的，要找牢靠的人。你口碑这么好，交给你我们放心。"阿珍说你放心可我不会做呀，人家说，药品是专供渠道，其实特简单，现成的买家和渠道，就是需要严格把一下关，不够资格的坚决不能买。就这样，阿珍变成了某药品的总代理。

生意太好了，药品替代了童装。钱不断快速流入阿珍的账户，再加上通货膨胀的加速，阿珍还是没有找到比房产更好的投资渠道。"放银行贬值，股票不会炒，吃饭、穿衣、买车、旅游都花不了多少钱，还是得买房子——你没有看到房价升得有多快吗？一两年涨一千，一两年涨一千，就没停过。"

故事到这里就该结束了。你关心的结果是：阿珍，一个媒体工作人员，拿着普通的工资，到目前她名下有24套房产，其中，多数的贷款都已经还完了。除

3. "有钱就投房地产！"

此之外她还投资了一个商铺，在自己的商铺里开了一家美容院。因为做药品的关系，朋友又推荐她涉足美容保健，她就专程去韩国考察了一个美容保健品牌，在她的店里既做美容也出售保健品。药品当然还继续代理着。

阿珍感慨地说："我是赶上了，在这十几年里，房产一直在走高——现在的房价比我刚开始进场的时候高了整整八倍！"不必去算阿珍的净资产有多少了，八位数的身家足以让她过上有品质的生活——顺便说一下，阿珍在她 42 岁单身 16 年以后，重新拥有了爱情和温暖的家。

4. 卖掉永恒——当钻石遇上网络

人物：小慧，女，45岁，大学学历

地产推广，钻石经销

小慧戴着一副高度近视镜，从镜片后面闪烁出柔和冷静的光芒，一看就是个理性的人。当她轻声地回答做过几份工的时候，"超过十个"的答案更印证了我的想法：这是个非常特别的女子。

她说她的第一份工作是父母安排的，在医院里面做行政。"超不喜欢！一个半月后我就不干了。"她说，"我找不着感觉。"这之后就是寻找感觉的漫漫探索路，从文员到管理，从市场到期货，卖过汽车用品，还进过制片组，终于，在28岁的时候，落脚在房产推广上。"我喜欢创意工作，我喜欢做市场，它非常有挑战性。"

"那时候这个城市的房产刚刚起步，我去的是当时最大的一个地产开发公司的市场营销部做销售，就是售楼员。因为是当时最早最大的项目，大家都是第一次卖楼，谁也不知道要怎样销售，于是就八仙过海各显神通，白猫黑猫卖出楼房就是好猫，呵呵——我比较用心，找卖点，讲得头头是道的，人家就买了。"她笑着说，"现在想想都可笑，买房的人山人海，应该是人家需要才买的。"

"销售提成虽然不是很高，但是量大业绩就很好。售楼员基本上一年能拿到一二十万，这是不小的一笔钱啊。那时候年轻学得快、有闯劲，慢慢地，广告、策划和文案基本上都自己搞，逐渐地就摸索出来了楼盘推广的道道。跟着大公司

4. 卖掉永恒——当钻石遇上网络

学了不到四年,我就自己出来做了。"

谈到她生平中赚到的第一个100万是什么时候,她说:"自主创业的第一年就赚到了,那一年我32岁。"那么,是什么时候赚到了人生中的第一个1 000万呢?小慧翻了下眼睛,笑着说:"是在自主创业的第三或第四年吧。"她说她从来没设想过具体要赚多少钱,只是做什么事情都极其认真投入。正是这种做事的态度,让她刚刚创业就感到了自由、自主并看到了自己的成功。"要做自己喜欢的事情,不喜欢的给再多钱都不做,我只接我喜欢的项目,那些不喜欢的项目和合作伙伴全推掉了。我这个人就是比较挑剔。"

房产策划和推广做到十年以后,小慧渐渐地感到了职业疲倦,再加上此时的房产代理已经多如牛毛,竞争加剧,行业利润降低,小慧决定转换跑道。"咨询再做也是给别人做嫁衣。"小慧说,"给别人做创意,再怎么着也要听主家的,并不是每个拿钱来要求做市场的人都懂行,有时候很好的建议他们不采纳,而他们提出的建议在市场上又确实行不通,这些都让我意识到必须有自己独立的品牌——我想拥有我自己的东西。"她沉思着说,"经过十几年在市场上的摸爬滚打,是时候为自己建立一个品牌了,一个我自己持有的永久性品牌。"

然后就是长达两年多的考察。小慧走了很多城市,看了很多项目。"我这个本子上记录了200多个项目呢,每一个我都仔细地写考察记录、分析进入门槛、预测市场前景。最终就是你现在看到的这家店。"她指着柜台和铭刻着公司名和Logo的铜牌匾说,"卖钻石,卖永恒。"

为什么是网购钻石?小慧说,21世纪对商业模式冲击最大的是互联网,互联网改变了人们千百年来的行为习惯。因应这种冲击,商家最大的改变是"鼠标+商品"的网上购物。"对于我来说,推广了这么多楼盘,再让我去卖任何东西都缺乏吸引力——你想想,有什么消费能大过房产的单价呢?想来想去,只有钻石了,从古至今都是无价之宝。况且,我是个女孩子,自然对美的东西比较感兴趣了——哪有女人不爱钻石的?"

小慧说,网购钻石让她面临巨大挑战,因为所有的一切都是新的。她必须从头开始学习钻石的鉴别、珠宝设计、进货和安保措施等等。"虽然过去都干了十几年的广告推广了,但是,光是进货以后把样品拍照放上网,都把我难死了——仅这个微观摄影就让我学了半年。"她得意地展示着一些图片,"光线、构图、美感,怎样打光怎样拍太重要了!"

那时候是她的钻石店开张一年半,盈亏刚刚持平。"我会守三年看看。三年就可以看出来这门生意究竟能不能做下去——这可是我的苹果树啊,"她凝视着她的注册商标,"它可是写在我名下的啊,它可是无形资产呐,我得继续给它浇水。"

5. 未完成交响曲

人物：文先生，终年63岁，大学学历
集团董事长，房地产开发，汽车机械

文先生从来不高声说话，而他一旦说话，必缓慢而铿锵有力，一字一顿的坚毅似难以被推翻。

八年前，我们在讨论他的升级版房产项目。他用内地人重重的口音称新项目是"小平·猫"（Shopping Mall），这总是让我在脑海里迅速闪现出跟这个国家有关的一个经典画面："小平·猫"——那时候嘉德置地在中国上海的 Shopping Mall 还没有建好。文先生没有来过新加坡，也不知道新加坡的 Shopping Mall 好到可以在几年后带动起一拨 Reit's 红火火地挂牌上市。他所有有关"小平·猫"的概念借鉴自日本和法国。在做过一轮大型住宅项目之后，文先生在那个城市里先发制人地想做综合商业地产，摆在面前的设计图上不仅有商场还有酒店。

"你帮我把酒店卖了吧，"文先生说，"设计很满意。只是搞商业地产我也是大姑娘坐轿——头一回，一点经验都没有。商场还好说，这酒店咱可真玩不转，那得人家专业酒店管理集团来经营。作为发展商咱只会建房子，建好的房子都得卖出去。小的还好说，卖不出去的自己留着，这么大的家伙占压资金就太多了。得现在就动手寻找策略合伙人，卖、租、联营都可以，最好是境外大的酒店管理公司。"

应该说，那时候文先生和其他的顾问都还不清楚酒店的买主是谁、酒店该怎

十倍薪与百倍薪的快意人生

样造以及造好之后怎样善后，建筑项目就动工了。尽管我也在努力寻找，但是在五年里也没有为他找到愿意合作的合伙人。决策时一个重要的程序上的失误，导致了该项目在后期的商业合作方面产生了巨大的困难，但是，综合地产中的住宅项目却是卖了个满堂红。

而此时，文先生的另一个大项目也在酝酿中。

房地产的关键要素是"地点、地点、地点"。地理位置决定着一个房产项目的成功，也决定了不同位置房产的不同价格。时至今日，香港太平山上的房价仍然是香港最偏僻地段的十倍以上。寻找城中的优越位置是发展商的看家本领，尤其是当城市建设逐渐饱和的时候。此时，"拆迁置换"成为考验每一个发展商运筹功力的一道常见的难题。

当时在城市的中心地段有一家濒临破产的国有企业，这家兴建于20世纪60年代的企业一度成为全国最大的国企之一，兴盛时期有几万名工人，其厂房占地之大可想而知。随着城市化的推进，过去远在郊外的这个工厂现在变成了城中不错的次黄金位置，所有的发展商都虎视眈眈。之所以没敢下嘴，是因为政府规定，谁要拿这块土地就必须连同工厂的全部工人和退休人员一并处置。土地的价格再高，都是可以计算价值的，而高达几千名的工人和已经退休的员工，成为所有觊觎这块土地的发展商的拦路虎。既不可以遣散工人，也无法计算退休人员的预期寿命，政府的英雄榜成了不能完成的任务。

项目发布了两年左右，一直没有人成功拿下该项目的开发权。一天，文先生说，他想接手这块土地。经过几个月的论证和同政府的交涉，文先生成功揭榜：接受政府划定的郊外的一块土地，合理安置所有员工与退休人员，并进行这块土地的发展开发。文先生最终拿到了这块土地的开发权。

5. 未完成交响曲

"为什么是您拿下这个项目而不是别人呢？"文先生一听这个问题就乐了，"他们该试的全都去试过了，拿不到说明功力不到家。"他点上一支烟大大地吸了一口："这的确是个难度极大的开发项目，难就难在必须解决人的问题，几千号人不好办。因为政府有要求不能让工人失业，所以唯一的方式就是让工厂活下去。我仔细考察了他们厂子和目前的市场，发现他们的问题在于机器和生产的产品都老化了，跟不上当前形势。解决的办法就是产业升级换代，以新设计的适销对路的产品取代过去的产品，产品卖出去了工人才能活着。所以，我花了大工夫帮他们找到了意大利最新的产品设计和生产新产品的新型机器，然后就提出全面收购工厂的动议。现在，工厂是我的了。"

"您改行了？您懂工厂的生产和管理？"文先生又笑了，"我又不是算卦仙儿哪里懂！人家工厂里现有专家几十号人呢。我现在只是个业主。我跟管理层说了，生产和管理的事你们全权做主，过去怎么样现在还怎么样，我不插手。过去你们濒临破产是因为没有好机器和好产品，现在你们有了，鼓足干劲扭亏为盈吧。新厂房、新机器，最好的生产环境，几千人的饭碗，投几个亿，值得！"

新工厂建好，旧厂房那边开发建设高级公寓和商业设施也就顺理成章了。"那为什么其他人没有想到买下工厂呢？"文先生一听，胸有成竹地笑了，"不知道我过去是管理几百人的工厂厂长吗？我对生产流程、产品和市场开发一点都不陌生哎。其他的开发商有几个会管理工厂我不知道，对于这个案子，做市调、调整适销对路的产品、设备更新都不是很难的事情。我还有一个汽车机械工厂呢，业绩棒极了，正在酝酿上市呢。加上这个大的房产项目，两个公司挂牌之后资产最起码 55 个亿以上。"

项目都进行得非常顺利，文先生的两个上市计划也都按部就班地紧张推进着。在他 60 岁那年，仿佛是感觉到了些什么，文先生想到该培养接班人了，就把房地产业务统统交给儿子打理，自己专心思考集团的发展战略及上市策略。但是天有不测，一年多后，在上市前紧锣密鼓的繁忙中，文先生出现了持久的低热和干咳。面对着医院的检查结果，文先生长长地、长长地叹了口气，不无遗憾地说："我这辈子习惯没养好，每天熬夜、看书、抽烟，不运动、不吃蔬菜、不吃水果……现在，一切都来不及了……"

6. 热爱和钻研是最伟大的老师

人物：傅先生，47岁，大专学历

资源整合，股权投资，类金融

傅先生身材高大魁梧，一脸福相，厚厚的近视镜片后面，一双温和的眼睛流露出善意和诚挚，让人一眼看过去之后就能产生信任感。

傅先生说，他目前所有的一切都是在市场上摸爬滚打摸索出来的，做生意唯一的诀窍就是诚信。"我做的很多事情我都没学过，我就是喜欢和爱钻研。"他满脸的微笑载满坦诚和敦厚。

傅先生说，他的第一份工就是在路边的夜市大排档卖砂锅。"当时我18岁，没工作想赚钱，就在路边摆摊儿卖砂锅——我比较喜欢干餐饮。然后又开了一间美容美发店，搞发型设计，做得不错。当时还是连锁的，开了七八间店呢。"傅先生英雄话当年，自己也觉得好笑。"那时候年轻有闯劲，干得还不错。之后还开过火锅店，干过装修，开过酒楼，搞过物业管理，做过一间写字楼，开过一家小酒店，前前后后我做过二十来个行业。现在主要是做管理咨询和股权投资。"

当问到什么时候赚到人生的第一个100万这个问题，傅先生回答："那是二十七八岁的时候吧，做生意大概十年的样子。"至于他人生中赚到的第一个1 000万，他说："那是开始做写字楼的时候，30多岁吧；40岁做酒店的时候已经有2 000万了。"他笑如满月，"我感觉我还可以——我可是完全靠自己的呀，没有人帮我，一个人奋斗出来的。虽然比不上人家做得好的，但比上不足比下有余。

十倍薪与百倍薪的快意人生

咱的起点低，也没受过很高的教育——所以我现在每天都坚持看书、自学，还报名去听课。我每年在进修上都花几万块呢。"傅先生很认真地说。

关于有没有人生的财富目标，傅先生说："有哇！刚开始就是为了让家人有个好生活，能过日子。后来生意做得顺手了，目标就越来越大了。在30岁的时候想，什么时候能有5 000万就好了！"实现了吗？他笑得一脸灿烂，"现在有了。我现在考虑的是，怎样做大规模，在未来五年，能把经营规模提升到10个亿。这样的话，我就可以每年服务3 000家小企业，才可以用赚来的钱帮助那些贫困地区的孩子建学校。""您有做慈善？""有哇，我一直在做一点力所能及的事情，过去五年已经捐了三个小学校了。如果我目前的投资模式可以成功，希望以后可以每年捐建一所小学。我希望做出成绩回馈社会——我信佛。"

当讨论企业家精神的实质是什么这个问题时，傅先生认为："家人、朋友、社会，是每一个人都离不开的最宝贵的东西；勤奋和奉献是一个企业家最宝贵的精神特质；责任、荣誉感和诚信是企业家最宝贵的品性。"傅先生阐述道，"我的梦想是做个成功的人，做个受尊敬的人，给社会留下一些东西，不荒废这一生。"

傅先生说他是一个脚踏实地的人，喜欢尝试和钻研。他认为自己在创业之后的十年从做那间写字楼的时候才算是小有成就感，才算是品尝到了些成功的滋味。这之后，他琢磨了许多项目，一直在考虑要建立一种独特的、自有的商业模式，这种模式能够给他带来独特的竞争力、帮助他的生意上台阶。在采访他的当儿，他正在建一家超市，并尝试将正在进行的股权投资、小资金拆借和品牌加盟等做成一个资源整合的平台，为中小企业和想创业的人提供"项目—资金—品牌—投资"一条龙服务。"作为一种创新型民间金融，股权投资与品牌推广、创业一站式服务，这个市场极为广阔。小额的股权抵押式投资合作，把资金、项

6. 热爱和钻研是最伟大的老师

目、品牌和创业者联系在了一起，互惠共利协同发展，整合项目的各方人马集合在共同利益下，这是项目配对成功率高的原因。"

谈到财富目标和人生目标，傅先生深有感触地总结："这人嘛，一定要与时俱进，随着眼界的开阔，人生的目标也好像更加开阔和丰富了。财富呢，说到底是个变量，时代在发展，层次在提高，此一时彼一时也。站在小土坡上是一个境界，站到山顶又是一个境界。在富足之前没有想过的东西当你的境况改变之后，可能就去想了。比方说巴菲特，如果没有几百亿，又怎样想出'裸捐'这个理念？所以，要不断追求积极向上。我已经经历了这么多种行业，以后也还是这样，无所谓退不退休，反正闲不住，我现在就希望建立这个商业模式——我都探索了三年了啊。"

顺便说，傅先生说他非常喜欢北京的"车库咖啡"，那儿经常有项目发布，在那儿能得到许多启发和收益，能找到想找的产品和人，他是那儿的常客。

7. 咨询顾问创富的十倍法

人物：祁先生，45 岁，大学学历

　　　管理咨询　发展商

祁先生要是讲起话来可以滔滔不绝两小时——如果你不打断他的话。点子一个接一个，方法一套又一套，引经用典，指天说地，无论是什么事情他总是能够快速、合理地阐述、论证并建立起他自己那一套认知和理论，功底可见一斑。"这是我的天赋，"祁先生肯定地说，"我就是吃这碗饭的。"

祁先生说大学毕业后的第一份工是在一个旅游公司做市场。"第一年就盖了帽了——我一个人把全公司的活都给做了。我一看如果做公司做市场就这情形，那还不如我自己单干呢。"祁先生随后就辞了职，开始了牵线搭桥、开山铺路式的左帮右补的半经纪半顾问的项目协调人生涯。

在他 22 岁开始创业之后，"当年就赚到了我生平第一个 100 万。既然我工作的第一年就能给公司赚 100 多万，当然我自己给自己干应当多过这个数目，肯定是第一年就赚到 100 万了。关键是，虽然自己创业了，但是，这之后很长的时间我都没有做得很成功。不知怎么的，都是小打小闹，都是只赚了些顾问费而已。期间最大的一笔顾问费也就是做了一个地产策划的案子，赚了 400 万。这个平淡过程我一下走了十几年！"

"说到稍微有些启发意义的事情。就是在那个地产策划之后，那个案子深深触动了我：我是策划者，忙活几年我赚了 400 万顾问费，人家开发商赚了几个

7. 咨询顾问创富的十倍法

亿！所以我想，我为什么不能给自己策划策划呢？为什么不自己也做实业呢？所以，我就做了。"

"刚开始不懂开发，所以得跟人合作。我们几个拿下了市中心的一块摊棚区的地，啃硬骨头终于把它改造成功了。这个项目我终于看到了价值，赚到了生平最大的一笔：4 000万——我把自己提升了十来倍。那一年我38岁。"祁先生掩不住的喜悦，笑得满面春光。"我觉得我就应该做这样的事。当然，前面那十几年也不是说没有用处，那是在打基础。"他认真地强调，"坚实的基础很重要，跟着别人预演一遍，自己再做就知道怎么回事儿啦。没那种基础和功力，你接不了大项目。"

这之后就顺理成章了。祁先生虽然还继续着他的咨询业，但主要精力放在了自己的项目上。现在，他已经是独立开发商了。他在一处近海的地方买了一块地，用他十年前帮别人规划房产时的头脑，以及这些年走世界汲取的经验，还有逐步练出来的胆量，他做了一个滨海高档公寓和商业地产项目。"我的公寓都是面海的，"祁先生说，"卖得很不错——那儿本身就是个度假的好地方，公寓旁边是一个大酒店，一个品牌酒店。现在人们口袋里都有钱了，旅游业肯定是越来越兴旺的，我那么个依山傍海的好地方，不怕人不来。"祁先生相当自信，"这个项目几年后下来，最起码是这个数，"他把五指夸张地张开，"又是一个十倍！"祁先生笑得满脸菊花瓣。

这之后呢？"我正在研究社会保障体系，新加坡做得很成功，澳洲和美国的养老也不错。保险呐、养老呐什么时候研究透了，项目就出来了。"傅先生微笑着说着，他笑得那么自信。

8. 跨国拓荒

人物：维克多，60岁

　　　快餐业主

　　维克多说他生于普通的家庭，服完兵役后父母送他到美国留学深造。因为他的家庭并不富裕，他就在美国的一个小镇上边打工边读书，而打工的那个快餐厅的老板，一个80多岁的美国老人，彻彻底底地改变了他的命运。

　　维克多的理想是读完了书到一家国际大公司做一个高级职员。为此他非常努力地读学位，只是因为学费问题才到快餐厅边工边读。他的老板年事已高，拥有六家快餐连锁店，餐厅售卖美式汉堡、炸鸡和冰淇淋甜品。老板的六家连锁餐厅生意都不错，是当地人喜欢的大众食品。维克多在餐厅工作了几年，以这份工作收入加上奖学金，他攻读了两个专业，就等着拿到学位之后回亚洲发展了。

　　由于年纪越来越大，快餐厅老板也越来越感到体力不支，尽管他本人只负责自家店的操作，其余的加盟店都由业主负责经营。但是，人终究是要退下来的。事实上老板早在几年前就渴望退休，希望把生意留给儿子，问题是学电脑的唯一的儿子事业发展正在势头，根本对老子的连锁店不屑一顾，而且也声明绝不经商，这就难住了快餐店老板。经营良好的餐厅多少年来是附近许多居民常来的地方，不仅如此，作为连锁加盟店，老板必须负责提供炸鸡和烘饼的重要配方原料的供应。加盟店都是独立经营的，老板自家的店可以关掉不营业，但是作为原料供应商，配方粉永远都不能停。

8. 跨国拓荒

　　快餐店老板也一度公开征求合作伙伴，但由于种种原因没有找到合适人选——很多能干的年轻人并不想一辈子在餐厅工作，即使当老板也不愿意。没有办法，87岁高龄的快餐店老板在某一天跟维克多摊牌了。"一起共事七八年了，他对我宛如对他的孩子。"维克多说，"他说你愿意继承我的事业吗？你愿意把炸鸡一直传下去吗？如果愿意的话，我愿意把配方传给你——你随便出个价钱好了。"维克多左思右想，加上早已经做熟了这一行，也舍不得技术就此失传，就拿出积攒的全部五万美元，跟老人到律师楼签订了品牌的亚洲总经营权，也拿到了老人的独门配方。"他知道我不会永远留在美国，我一直都说学完了就回父母身边，他愿意我把他的品牌带到亚洲。"

　　维克多回到亚洲之后，虽然也曾经追梦到心仪的公司工作了一段时间，但是一直没有中断他的快餐连锁经营推广。最好的时候，他一度有12家炸鸡店在经营着，他也一直在管理这些快餐店和承当着配方粉的供应商。

　　由于炸鸡界的两个巨无霸的绝对优势，维克多的炸鸡店在竞争上始终处于劣势。很明显地，在这个城市里仅麦当劳就有108家分店，要生存和发展，维克多只能到"山德士上校"和"麦当劳叔叔"足迹未到的地方。全球范围，哪里没有麦当劳和肯德基呢？就是那儿了，朝鲜。

　　维克多三年前就已经跟着勇拓商业版图的朋友进入了依然国门未开的封闭的朝鲜。但是，美食无国界，美食也没有什么意识形态，这个对外界来说极度神秘的国家的人民依然非常欢迎汉堡，只不过因为跟美国的政治对立，在这个国家快餐店的菜单上出现的是"面包牛肉碎"这样的名字而不是汉堡。"我不管它叫什么，"维克多说，"他们接受我的快餐概念就好。"

　　仅仅两年，维克多就已经发展了12家连锁店。当他今年回来的时候，他打电话给我："你有朋友经营超级市场吗？不是家乐福这种霸级市场，是小一点的超级市场，那边很需要西方的化妆品、日用品这类的东西。他们给了我 offer，要我带商家过去做连锁超市呢。一个城市开十家连锁没问题，我们一个城市接着一个城市推。"

哈哈，维克多开拓了一片国际荒地。需求就是市场的刚性指标。忽然发觉，他向同伴们发出的邀约是那么熟悉："钱多！快来！"虽然这是 30 年前发生在另一个国家的春潮涌动般的商讯。

9. 会卖白菜就会卖别墅

人物：周先生，44 岁

食品，地产，金融

周先生被公认为脑子转得飞快的那种人。在他年轻的时候就是眨巴眨巴眼点子就出来的机灵家伙。说到为什么经商赚钱，周先生深有感触地说："没钱呀！才需要赚钱啊。"他说这辈子有关金钱对他最大、最严重的伤害，是眼睁睁看着患癌在病床上的母亲病危而作为儿子无法拿出 20 多万的治疗费来延长她的生命。"心里都知道治不好了，但能缓解一下、延迟一点也是一种慰藉啊。我那时候觉得我作为唯一的孩子怎么那么无能！"

父母作为公职人员的那份工资在癌症面前显得苍白羸弱，根本无法抵御这致命的攻击。周先生说，他恨钱，他恨那种无能为力的滋味。"一文钱难倒英雄汉，那滋味太痛苦了！"

其实有关金钱的困窘他早在大学时期就已经体验到。作为男孩子，求学期间父母提供的生活费哪里有"够"这么一说。"那时候父母的工资本身就微薄，给一份在校的生活费，够吃就不错了。但年轻人总要有点别的花费、应酬，比如想去外面看看、想交女朋友，人光吃饭是不行的。所以，上学的时候就开始做点小买卖，摆摊儿，赚点零花钱。"周先生回忆道，"那时候做生意的人少，人们都想在大机构工作，谁要经商啊，看不上眼。"

摆摊儿还真是赚了些钱。毕业后周先生顺利地进了一家不错的单位工作，但

十倍薪与百倍薪的快意人生

是生意却没有停下来。之所以说是生意，是因为周先生已经开店了，虽然是小本生意，卖点服装、食品、冷饮之类的收入，却是工薪阶层收入的好几倍，这是经商对拥有正式工作的打工族最大、最有力的挑战。到底是要大公司的名声还是要小老板的实惠，这是个折磨人的问题。当经商所得以压倒性优势战胜虚荣的时候，人们就会自动走向更具吸引力的一边。

"后来还是辞职了。该辞的时候你就辞了，什么都挡不住。"周先生说，"那时候就建厂子卖自己的产品啦。再麻利能干的人也转不过机器，建个厂子，批量生产，铺点批发，有自己的一个经销网络，生意就上台阶了。"

再然后就顺风顺水了。周先生的食品厂规模越做越大，每年都有千万计的利润，自然大项目就上门了。"那时有个商人拿了一块地，太大了，做一半走不下去了。有人给我提这个项目，当时食品厂效益这么好，正想上个别的什么项目，就接下了那块地，做起房产了——开始卖别墅了。"

这是个跨行业的转变，转型这么大，怎样适应新的市场呢？周先生说："没有什么适应不适应的问题。如果你真的搞懂了市场，卖什么都是一样的道理，会卖白菜就会卖别墅！营销这种事是通的，无论卖什么都是做市场，懂顾客、懂产品、适销对路，没什么好发愁的——会卖的有什么都不愁卖。"周先生回答道，"房地产这东西非常专业，设计方面有设计师，施工方面有工程队，营销方面有专门的售楼公司，我只需要协调资金、处理大面儿上的事情、定好方向，其余一律交由专业人员处理——我每天打球！"周先生说得很轻松。

房地产项目使周先生从制造商跃升到了另一个层面。与此同时，富有前瞻性和激进的战略部署也获得了极大的成功：周先生在短短五年里，运作了三个不同领域的公司成功上市挂牌。"拥有交易所的一个代码是我最渴望的身份。"他说，

9. 会卖白菜就会卖别墅

"我不在乎什么福布斯不福布斯的,做行业龙头才是一种追求。"不用去猜测他的资产规模,几百亿是有的,早几年,他已经开始悄悄进军金融业。

不要仅仅羡慕周先生在人生 40 岁的时候就做到了百亿,如果你知晓周先生的打拼并且可以像周先生那样地打拼,或许赚大钱对你也根本就像"卖白菜"。

"最艰难的时候?那是厂子刚刚建立的时候。为了给工人发工资、付水电费,我们几个在我家商量对策、凑份子,咋凑都凑不齐。我就翻出了老婆的存折,上面有 500 块钱,在房间里踱步两个钟头都拿不定主意是不是要把她这笔钱给偷偷花了。弟兄们都拦,说大哥,这不能啊,这钱是嫂子和孩子这月的生活费啊!"

"在做上市战略的那几年里,我每天只睡两三个小时,每天都排得满当当的,连早餐都在开会。我算了算,那两年一半以上的时间都是在天上的,一年坐了一百六七十次飞机!"

10. 绵里藏针 女人心搭建百年计

人物：良女士，41岁

开发商

  她说她第一个文凭读的是金融，工作以后才又读的研究生。谈到她的经历和成就，她谦虚并不乏幽默地说："我没做什么，不像人家成绩一箩筐。项目做得好可能是因为我是女性吧，生活很简单，没那么多应酬，每天晚上都待在家里看书，我只是把那些成功人士唱歌、喝酒、泡妞的时间拿来研究楼书罢了。"

  她说因为学金融，所以最早一批的股市、期货她都有份参与和尝试。"那时候大多数人都不会进这个市场。我的第一桶金就来源于股市，拿了一万六开户，三年多后翻到50多万，然后做期货赚了几百万。那时候我26岁。我年轻时候就有钱花。"

  之后，她被调去一个机构的附属公司做房地产开发。跟着公司学了几年，因为适逢政府房产调控，公司的项目无法为继，正在彷徨的时候，一个外商邀请她加盟一个开发项目，她就辞去公职，在一片肃杀中开始了自己的房地产事业。

  加盟进去之后，才发现项目原来存在很多问题，土地证上的、规划上的、资金上的一系列困难犹如座座大山横亘在面前。由于所圈下的土地政府要求有一定的开发时间界限，在经过近两年的努力之后，许多问题还悬而未决，项目地块面临被政府收回的境况。无奈之下外商决定退资，赔钱认输。"他是外商他可以走，我往哪里走？他认赔，几千万只是他身家的一部分，可我呢？我投入的是我全部

10. 绵里藏针 女人心搭建百年计

的家底！我怎样退？我往哪里退？我无路可走，我不能退也无法退。"她仍有感慨地回忆当年。

"既然迈进来了就只能一条道跑到黑。我没有办法，只能面对留下来的烂摊子。从头到尾，这几年我都在公司负责财务，对房地产业务一点也不懂，什么土地规划、图纸设计，什么建筑工程、物业管理，但是事到如今又能怎样？项目是你的，你就得担起来，一大堆包工头天天围着你管你要钱，一大堆业务上的人天天围着你要你拿主意，我能怎么办？我又能怎么办？顶着压力推着往前走呗。那压力大的——任何人背着几个亿的债务就知道能不能睡着觉了。"

"天天面对着讨债的，那你是怎样渡过难关的呢？"她一听乐了："我还好，我心大——不大也没办法。债多了不愁。就一条，我跟那些包工头说，遇到这种政策调控只有一条路——撑下去！我说你们别在那里蹦天索地，就是动粗也没用，你们埋到地里的钱都拔不出来了。要想收回垫资，就得把楼盖起来，大家都一样，我身上也背着两三个亿呢。我是负责任才守着的，要是破产了大家的损失都无法挽回。他们想想我说的在理，都反过来支持我。"

她指着那一大片楼群说，"当时真没经验，一上来就是个特大项目。工程做了六七年，现在想想都后怕。但是有一点，外商留下的设计很好，基础打得好。我不懂专业，就一点一点抠，现学现卖，一个组团一个组团开发。一个大型社区，好几个小区不同的建筑风格，楼群立起来了就很抓眼球，我们的产品还是说得过去的。"

谈到她人生赚的第一个100万和1 000万，她笑了："就是从股市赚回来的第一桶金。至于第一个1 000万？我根本没有这个阶段，直接就是第一个房产项目的收益——2个多亿，不是我的，全部清偿了债务。我留下什么？呵呵，口碑和好名声吧。"她说,这个项目让她完全从门外汉变成了房地产专家,参与了一个全过程,用六年多的时间跟各个方面的专家们开会,每个细节谈论十几遍、几十遍,再笨都学会了。

"不过我还是对房产很有感觉的,永远不会遗憾我这辈子做过房地产——没有哪种行业比做房地产更有挑战性、更锻炼人、更有成就感的了。现在,开车走在高速路上,往这儿一指,这一片是我开发的;往那儿一指,那一片楼群是咱盖的。我们是城市的建设者啊,多自豪。"她笑得很甜蜜。

如果说第一个项目没有赚到钱,那赚到的是什么?良女士真诚地说:"信任和项目呀。虽然第一个项目赚到的都还了债,但是紧跟着接二连三项目都来了,人家愿意跟咱合作,咱讲信用啊。不管多难,我都没有给这个城市留下一个烂尾楼;不管多难,我没有欠别人一分钱,都还清了。并且作为女人,我的追求就是为大家创造一个美好的居住环境,让大家的生活更加美好,所以,产品做得就更细一些,这是女人的优势。"

现在,良女士有七个项目陆续开工,包括高端公寓、都市别墅、写字楼、度假村、星级酒店和一个大型购物中心。从几百万到几十个亿的资产规模,她只用了十年。

参考文献

1. 泰勒·本-沙哈尔. 幸福的方法. 王冰，等，译. 北京：当代中国出版社，2009.
2. 渡边淳一. 幸福达人. 竺家荣，译. 上海：上海译文出版社，2011.
3. 艾伦·艾贝，安德鲁·福特. 赚多少才够——财富与幸福的哲学. 刘凯平，译. 上海：复旦大学出版社，2010.
4. 布拉德·克朗茨，泰德 克朗茨. 有钱就幸福了吗. 北京：机械工业出版社，2011.
5. 凯瑟琳·麦克布林，乔治·沃佩尔. 那些富人告诉你的事. 丁颖颖等，译. 北京：中信出版社，2010.
6. 托马斯·斯坦利. 邻家的百万富翁. 王正林，等，译. 北京：中信出版社，2011.
7. T·哈维·埃克. 百万富翁的思维密码. 张荣，等，译. 北京：中华工商联合出版社，2011.

8. 戴维·巴赫. 自动百万富翁. 鲁刚伟, 等, 译. 北京: 中国社会科学出版社, 2007.

9. 乔纳森·庞德. 让你的财富滚起来——86种实用理财妙招. 雷静, 译. 北京: 中信出版社, 2009.

10. 罗伯特·谢明. 为什么那个傻瓜赚钱比我多？. 苏鸿雁, 译. 北京: 中信出版社, 2009.

11. 大卫·克鲁格, 约翰·大卫·曼. 我们需要多少钱. 马慧, 等, 译. 北京: 机械工业出版社, 2010.

12. 王正丽. 财商决定命运. 香港: 中华书局, 2008.

13. 戴夫·拉姆齐. 改变你一生的理财习惯. 李莉, 译. 北京: 中信出版社, 2010.

14. 朴容锡. 富人的理财习惯. 徐涛, 译. 上海: 中信出版社, 2008.

15. 曾志尧, 王志钧. 18堂课让你变富人. 北京: 机械工业出版社, 2009.

16. 刘彦斌. 跟刘彦斌学理财——理财工具箱. 北京: 中信出版社, 2009.

17. 曾渊沧. 曾渊沧睿智创富. 香港: 博益出版集团, 2007.

18. 曹仁超. 论势——曹仁超创富启示录. 北京: 中国人民大学出版社, 2009.

19. 曹仁超. 论战——曹仁超创富战国策. 北京: 中国人民大学出版社, 2009.

20. 曹仁超. 论性——曹仁超创富智慧书. 北京: 中国人民大学出版社, 2010

21. 冈本吏郎. 金钱的真相——教你玩转财富游戏. 崔杨, 译. 北京: 华夏出版社, 2009.

22. 罗伯特·清崎, 沙仑·莱希特. 富爸爸 富孩子, 聪明孩子. 北京: 世界图书出版公司, 2001.

23. 罗伯特·清崎. 富爸爸 提高你的财商. 灵思泉, 译. 海口: 南海出版公司, 2008.

24. 罗伯特·清崎, 沙仑·莱希特. 富爸爸 商学院. 肖明, 译. 海口: 南海出版公司, 2011.

25. 华莱士·D 沃特尔斯. 30 岁, 赚够一辈子的钱. 刘华强, 编译. 苏州: 古吴轩出版社, 2011.

26. 土井英司. 30 岁前, 决定未来收入的 90%. 何啟宏, 译. 台湾: 先觉出版股份有限公司, 2012.

27. 高得诚等. 30 年后, 你拿什么养活自己. 唐建军, 译. 南宁: 广西科学技术出版社, 2010.

28. 李沅. 万一你活到 100 岁. 台北: 台湾广厦出版集团, 2008.

29. 厄尼·J·泽林斯基. 40 岁开始考虑退休. 董舸, 译. 北京: 中信出版社, 2004.

致谢

在这里，我要对那些曾经在我生命中，爱护、鼓励、影响、启发我的每一个人，表达深深的由衷的感谢。

我也要向以下的人表达我的敬重和感激。

首先，向所有我采访过的、合作过的、入选或者未入选本书案例的企业家朋友致意，因为你们慷慨无私的分享，因为你们拼搏的经历和丰富的成功与失败的经验而使本书的理论体系得以成立。你们的才智、精神和爱心也将鼓舞很多很多人。

其次，我要向在本书写作过程中，接受尚未成熟的框架体系进行规划测试的几十位咨客朋友致意，你们不拒本人的才疏学浅，勇敢坦然地告白，你们的梦想和计划、快乐与痛苦，都极大地丰富和校正了本人的观念。感谢你们的奉献。

基于个人隐私原则，谨在此向以上两批朋友不具名鸣谢。

感谢吴韦材先生慷慨为序，您的才华和爱心不仅体现在 27 年的专栏和几十本著作的书写里，背包游侠的洒脱、生命志士的温暖，还像阳光雨露，慰藉心灵传递愉悦。

感谢黄宏墨先生，比您歌声更动人的，是您的坦荡与真挚。每一篇您文字里的思想都原汁原味带着悠远记忆和古朴遗风，您也站立在给我的序中。

十倍薪与百倍薪的快意人生

我要感谢中国人民大学出版社的精诚合作，感谢素未谋面的策划编辑曹沁颖女士，您的敬业和专业令我钦佩，也诚挚感谢本书的责任编辑和美编，是你们共同的付出，让本书如此美丽，你们真棒！

感谢我的闺蜜们，谢谢上苍赋予女人的同好，叽叽喳喳的聊天和逛街、喝茶、爬山、散步都美丽的那些时光。

谢谢我的姐姐哥哥们，这么多年来你们看我的目光还是像看五岁小囡一样的欣喜和宠溺，当然那太多期望也早让我飞逃到5 000公里以外。

最后我要感谢思远，你不仅是我的第一读者，直接让本书的叙述风格脱离晦涩走向平易，还在那些昏头涨脑的日子里牵我的手去吃海鲜，嗯，真是人生好味道！

跋

　　从来没有想过会写一本关于金钱方面的书。

　　过去，我写的都是电视理论方面的书，偶尔也写写散文之类的小文章。自认为是对钱没感觉的人。我开公司——连我家小儿都知道，是赚钱养理想。但是今天却写了一本跟钱有关的书，认真得滑稽。

　　我在"君子不言利"的那个时代下成长。那个时候人们很纯粹，干什么都没听见过谁谈钱。那时候人们不流行讨价还价，只踏踏实实做事。那时候人们不斤斤计较，那时候大家都单纯，单纯到简单，简单到纯真，纯真如冬天被皑皑白雪覆盖的茅草房檐下的冰挂，天然、质朴、透明。日子不富裕但都知足地快乐着。

　　打我工作之后，物价就一溜小跑地上升。无论当时的我们怎样甩开膀子追，还是赶不上涨价的速度。不知道什么时候，人们口袋里的钱越来越多，心中的想法也越来越膨胀。我们开始管这叫追求，叫提升，叫讲究生活品位。越来越多的精打细算，越来越多的锱铢必较，也随之而来了越来越多的困惑和压力。我们沦陷于钱不够用的时代，在现代化装备的摩登家庭中，连幸福竟也成了高值易耗品。

　　我曾经以为，日子就如父辈们一样，一路如歌，清风细雨地流淌，简单着，憧憬着，快乐着，但事实不是这样。生活的变化人们习惯用天翻地覆来形容，事

十倍薪与百倍薪的快意人生

实上那情形也就是天翻地覆。政治上的就不说了，撼动经济的，不仅是金融风暴还有非典、地震、海啸和核辐射。硝烟一直弥漫在心里头。

身边的新事物越来越多，人们的欲望也跟着越来越强，而快乐似乎也加快了循环淘汰的速度。生活在城市，五光十色的诱惑反衬着单调的工资，活在拘谨和狂放中，衍生品堆积成主流和必需，即便是加倍付出，即便是每天只睡三个半小时，也不能追上心愿的翅膀——房子、车子、孩子；教育、提升、旅游；时尚、品位、健康；休闲、退休、养老……有哪一项可以从我们的现代生活里抹掉？小小声地说 No，我们一项也逃不了。人生一份小小的心愿既是动力却也成了压在头顶上的一片乌云。

突然发现无法逃离。那时候老人们说，鸡蛋三分钱一个，工资十几块一月，咱家老房子带院子才 180 块。那时候如果遇到天大的事情，躲回乡下去，叔伯们三年不撵人。现在，谁敢失业？失业后，口袋里银行的小卡片可以支撑……大家都算过，仨月半年。

我们比远古的人更笨么？他们能在荒野里安然生存而我们却不能在现代都市里安定地过活——如果没有经济来源的话。电视上"100 元生存 1 个月"纯粹是逗小孩玩儿，成年人早就没胆量以身相试了。

这就是我们生活在今天的难度。活着当然是没有问题的，问题是常会有些想法。很多人把这些想法笼统地归结为想过好日子，而当愿望与现实冲突的时候，我们清晰地发现往往是绊倒在钱上。

所以我不得不研究一下钱，虽然这有违我恩师的愿望。在我做商业顾问的近 20 年里，行路、读书、阅人。看潮起潮落、钱来钱往、人盛人衰，感念成功之路万千条，条条皆从心愿起。想要什么，总要先去想，想了才能要。得先有愿望、有想法、有意识、有理想，还要有计划——就算是梦里想想也有好过无。就这样想一想试一试看行不行吧，所以才把这些想法堆积在这里。

还有是因为儿子。小时候他过生日，我写一篇文章给他；我过生日，他画画或者编曲子给我。现在他大了，我想给他一副翅膀做礼物，便只好多码些字，赚他用修长的手指弹琴给我听。

起飞吧！儿子。妈妈的心永远陪伴你，也祝愿所有展翅欲飞的年轻人在人生旅途中幸福地翱翔。

图书在版编目（CIP）数据

十倍薪与百倍薪的快意人生/（新加坡）狄芬尼著.—北京：中国人民大学出版社，2013.9
ISBN 978-7-300-17930-8

Ⅰ.①十… Ⅱ.①狄… Ⅲ.①成功心理-通俗读物 Ⅳ.①B848.4-49

中国版本图书馆CIP数据核字（2013）第207785号

十倍薪与百倍薪的快意人生
〔新加坡〕狄芬尼 著
Shibeixin yu Baibeixin de Kuaiyi Rensheng

出版发行	中国人民大学出版社		
社　　址	北京中关村大街31号	邮政编码	100080
电　　话	010-62511242（总编室）	010-62511398（质管部）	
	010-82501766（邮购部）	010-62514148（门市部）	
	010-62515195（发行公司）	010-62515275（盗版举报）	
网　　址	http://www.crup.com.cn		
	http://www.ttrnet.com（人大教研网）		
经　　销	新华书店		
印　　刷	北京市易丰印刷有限责任公司		
规　　格	170 mm×210 mm 16开本	版　次	2013年10月第1版
印　　张	15.25 插页1	印　次	2013年10月第1次印刷
字　　数	174 000	定　价	39.00元

版权所有　侵权必究　　印装差错　负责调换